1371.

J. et a.

Philo   Se.

POLYGR
L.654

1654

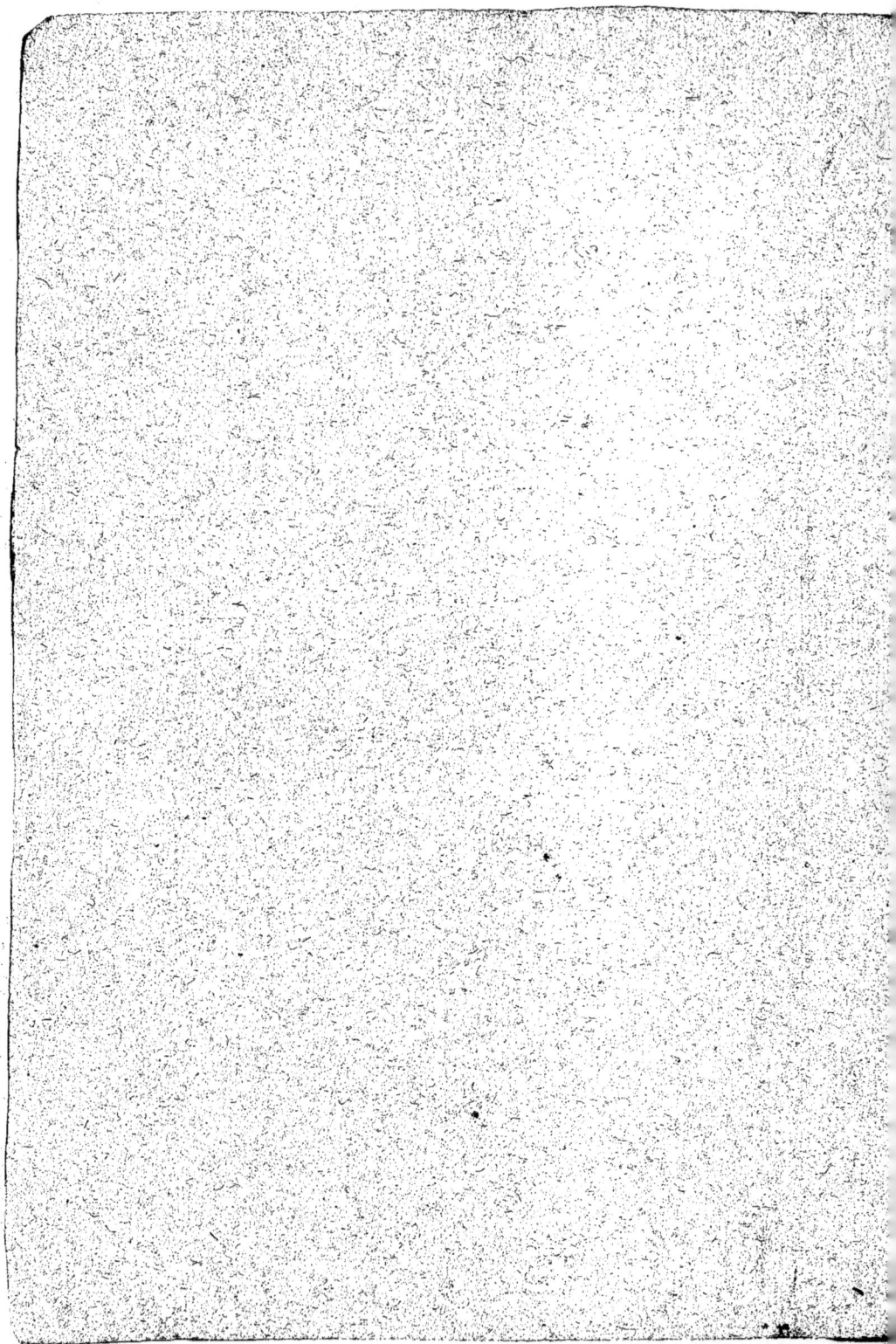

ORIGINE
DES SCIENCES;

Suivie d'une **CONTROVERSE** *sur le même Sujet.*

par J. P. Rameau.

PRÉFACE.

A queſtion agitée dans la Lettre qui couronne cette Préface, m'a fait naître la curioſité de l'approfondir : il n'a fallu que lire pour cela, & bien-tôt j'ai vû toutes les Loix de la Nature renverſées dans celles que le Géomètre s'eſt preſcrites. Il y a tout lieu de ſoupçonner que le myſtère dont on taxe généralement les Egyptiens, pourroit bien les avoir portés à déguiſer le principe dont ils ont tiré toutes leurs connoiſſances, en ne les communiquant que par quelques conſéquences, par des emblèmes, par des figures qui auront ſéduit, & qui auront fait prendre le change. (a). Ils craignoient, ſans doute, qu'en laiſſant apercevoir quelques lueurs de ce principe, d'autres ne s'en emparaſſent, & ne leur fiſſent perdre au moins une partie de la grande réputation qu'ils s'étoient acquiſe. A quels excès ne portent pas l'ambition, la gloire, l'intérêt !

Quand on n'eſt point initié dans la Muſique, on ne peut guères ſe diſpenſer de regarder comme un prodige le choix qu'a fait la Nature, pour nous inſtruire d'un Phénomène qui parle à l'oreille, ſe montre aux yeux & ſe fait toucher au doigt. Le Philoſophe & le Géomètre, également rebutés de leurs vaines recherches dans la ſcience de la Muſique, ſemblent ne vouloir pas même faire attention à ce prodige : on croiroit volontiers que quelques-uns d'entr'eux, voulant ſe parer des plumes de leurs Maîtres, ſeroient fâchés qu'on leur fît voir ce qu'ils n'y ont pas aperçu les premiers. Quel eſt donc ce Phénomène ? Le corps ſonore, dont inutilement certains effets dignes d'at-

(a) L'Hiſtoire nous apprend que nous tenons des Egyptiens les premiers élémens des Sciences, & que le myſtère régnoit généralement dans ce qu'ils vouloient bien communiquer aux autres. Voyez ce qui regarde Thalès & Pythagore ſur ce ſujet, dans Hiſtoire des Mathématiques de M. Montucla, p. 52, comme auſſi tous les Ouvrages où il s'agit des Egyptiens.

A

tention, ont été annoncés il y a environ un fiécle. A qui parle-t-il ?
A un Juge infaillible : *SUPERBISSIMUM AURIS JUDICIUM*,
(ce qu'on ne fauroit trop pefer). A qui fe montre-t-il ? A un Juge
trompeur (ce qu'il faut encore bien pefer) mais qui ne peut l'être
ici : il voit des frémiffemens , des ventres de vibrations avec leurs
fections, qui lui donnent des nombres, avec lefquels il communique
à l'efprit la jufteffe des rapports , déjà décidés par l'enchantement même que l'oreille vient d'en éprouver. A-t-on recours au tact (attention de la Nature pour les aveugles) on fent les différens ventres de
vibrations , on les compte , & les mêmes rapports font encore une
fois donnés (*a*). Ceci n'eft qu'un prélude pour conduire aux effets
merveilleux de ce corps fonore, dont le Géomètre a tiré fes premiers principes fans les y foupçonner , & qu'adopte la plus faine
Théologie.

Croit-on de bonne foi que les premiers qui ont voulu pénétrer dans
les fecrets de la Nature, ne fe foient pas d'abord munis d'un principe qui pût les guider ? Que les plus grands hommes font quelquefois petits, lorfque pour trouver une raifon qui les fuit , ils en donnent
où manque la vraifemblance, & que chacun adopte comme partant
de mains refpectables ! On fait confifter partout , pour origine de
la Géométrie, l'arpentage des terres en Egypte ; peut-on propofer
un pareil moyen, où il ne s'agit que du plus & du moins ?

Ce n'eft pas la feule fois que ces grands hommes n'ont pas fait
ufage de leur raifon. Voyez-les tous, dans l'Europe entière, même
à la Chine, s'obftiner à des recherches fans bornes & fans fruit fur
la Mufique, pendant une infinité de fiécles, jufqu'à la rendre l'arbitre des différens effets qu'on éprouve dans ce vafte Univers (*b*). Eh
bien ! s'en trouve-t-il un qui ait feulement fait la moindre réflexion
fur cette préférence que nous donnons naturellement à certains intervalles après un premier fon ? Y a-t-il de l'arbitraire , n'y en a-
t-il point ? Si le fon étoit unique, tout autre après lui nous feroit in-
différent : il faut donc, pour nous forcer à des préférences, qu'il s'en
trouve avec lui, qui nous enchaînent malgré nous. Eprouvez fi vous
pourrez jamais monter d'un demi-ton après un premier fon donné ,
lorfque vous ne penferez à rien ; pourquoi donc le ton s'y préfente-
t-il toûjours naturellement , dès qu'au lieu de l'une de fes confonnances
nous voulons entonner le moindre degré poffible. Jugeons de-là qu'il
falloit abfolument échouer dans fes recherches, dès qu'au lieu d'y
prendre l'Harmonie pour guide , on vouloit la faire dépendre de la
Mélodie, qui au contraire en eft produite. L'aveuglement eft incroyable, & d'où part-il ? D'un défaut de réflexion qui n'eft pas moins
incroyable. Faut-il que pour pallier fa faute, le Géomètre ofe la faire

(*a*) Il fuffit de la divifion des Multiples ou Aliquantes , comme on en jugera dans
l'ouvrage , pour cette expérience.
(*b*) *Voyez* Kircher.

retomber fur la chofe, parce qu'il n'a pû la comprendre ? On l'en a cru cependant, l'en croira-t-on encore ?

J'ai trois bons garans de ce que je viens d'avancer, la Nature, l'Hiftoire & des Faits conftans.

La Nature, dans un Phénomène qui s'explique clairement à trois de nos fens.

L'Hiftoire, dans une fociété de Prêtres, cités pour les premiers qui fe foient adonnés aux Sciences.

Les Faits conftans, dans le premier de tous les fyftèmes de Mufique, donné fous le titre de *Tétracorde*, dont les Grecs fe font occupés long-tems, fans doute plus par l'aveugle confiance qu'ils y avoient, que par leur propre fenfation, puifque le demi-ton, par lequel il débute en montant, fe refufe à toutes les oreilles ; fyftème qui cependant eft encore le feul parfait, le feul qui puiffe fervir de modèle à la plus naturelle Mélodie, quoiqu'il n'en contienne que quatre Sons ou Notes, fans que pour cela il puiffe être infpiré, par la raifon du demi-ton qu'on vient de citer, & qui par conféquent ne peut devoir fon exiftence qu'à un principe antérieur ; & ce principe doit être apparemment d'une grande conféquence, du moins dans l'Art : auffi paroît-il qu'on n'y a pas voulu paffer les bornes de cet Art, en ne déclarant point fon principe, mais en donnant feulement la clef du Chant, dit Mélodie ; Mélodie qui nous a tous féduits, jufqu'à M. Rameau. Quel eft-il donc, ce principe ? La quinte, c'eft-à-dire, deux Corps fonores à la quinte l'un de l'autre. Et qu'augurer de cette quinte ? Plus qu'on n'en doit attendre, puifque Pythagore lui donne la toute-puiffance fur la Géométrie (a) : s'il ne cite pas la quinte, fi on ne la lui a pas citée dans les conférences qu'il peut avoir eues fur ce fujet avec les Prêtres en queftion, on lui a parlé du moins du nombre 3, qui la défigne. Ne s'en feroit-il fervi que pour ne pas nommer une quinte qu'il n'a pû cependant ignorer, puifque tous les intervalles de fon fyftème font uniquement tirés d'une progreffion de quintes, dite triple ? L'application qu'il a faite de ce nombre 3 à la Géométrie, ne viendroit-elle pas de ce qu'une progreffion conduifant naturellement à toutes les progreffions poffibles, il en aura conclu tous les rapports poffibles, dont la Géométrie ne peut qu'être compofée ? C'eft dans ce tems-là même que la Géométrie & la théorie de la Mufique étant encore au berceau, ce Philofophe inventa fon Triangle numérique rectangle, qui porta les Grecs jufqu'à l'admiration, & dont les Modernes fe font occupés affez long-tems. On fait que ce Triangle confifte dans le quarré de 3, ajouté à celui de 4, dont la fomme égale le quarré de 5. Or, fubftituons à 3 fon octave identique 6, nous aurons la proportion arithmétique dans toute fa perfection, tant en Mufique qu'en Géométrie ; ajoutons-y des fractions comme aliquotes de l'unité, repréfentant le corps fonore, nous aurons, d'un

(a) Queftion décifive dans le Code de Mufique de M. Rameau, p. 228.

A ij

autre côté, la proportion harmonique, également dans toute fa perfection (*a*), chacune des deux, néanmoins, réduite aux moindres termes où nous les entonnons naturellement.

Ce début en Géométrie parle déjà beaucoup en faveur de la Mufique. La découverte d'un feul triangle ne fuffit-elle pas pour arriver à tous les triangles poffibles, en y variant les rapports ? Je ferois même tenté de croire que cette variation de rapports peut mener plus loin encore que l'imagination : tant d'autres figures, toutes extraites des premiers rapports harmoniques, & raffemblées avec ces triangles, ne peuvent-elles pas en donner de nouvelles d'une infinité de façons par leurs différentes combinaifons ? Les premiers moyens font ici donnés : on doit en reconnoître la fource dans le feul Phénomène qui les préfente à trois de nos fens, dont les autres peuvent profiter (*b*).

On ne doit pas être étonné de la multitude des termes en Géométrie, attendu que chaque fcience ne pouvant fe découvrir que par les moyens qui lui font propres, ces moyens varient extraordinairement, quoique la plûpart naiffent fouvent du même fond.

Que de tems, que de peines, que de contentions d'efprit ne fe feroit-on pas épargné, fi l'on fe fût d'abord repréfenté l'unité dans le corps fonore, qui produit, au moment qu'il réfonne, toutes les proportions, fource de tous les moyens!

Je dois ajouter aux faits précédens, que les Chinois propofent la progreffion de quintes, dite triple, jufqu'à fon treizième terme, dont ils fuivent l'ordre dans leur fyftème de Mufique, bien plus régulièrement que ne l'a fait Pythagore; ils prennent date même avant l'établiffement des Egyptiens (*c*). Voilà une quinte bien célébrée de toutes parts, même avant qu'il fût queftion de Géométrie; auffi conftitue-t-elle, comme on le verra, l'harmonie & fa marche la plus naturelle, d'où fuit la Mélodie.

Ne pourroit-on pas accorder ici le Philofophe & le Géomètre (*d*)? S'il y a des *idées innées*, peut-on les refufer à la Mufique ? Nous fommes paffivement harmoniques, nous poffédons autant de corps fonores qu'il y a de différens fons dans notre voix : on nous berce en chantant ; le premier de nous y a été du moins invité par le chant des oifeaux. S'il n'y a que des *idées fimples*, y en a-t-il de plus fimples & en même-tems de plus fécondes que celles que peut faire naître en nous la Mufique ? à quoi tend, d'ailleurs, cette différence des idées, tant que les réflexions où elles peuvent conduire ne font pas fecondées de la raifon ? Qu'elles foient pour lors *innées* ou *fimples*, peu importe : eft-il un objet dans la Nature qui puiffe

(*a*) $\frac{1}{4} \frac{1}{5} \frac{1}{6}$, qui donnent la proportion harmonique en Mufique, s'expriment de cette forte, 15, 12, 10, en Géométrie.

(*b*) La Nature, qui s'explique dans un feul objet pour tous nos fens, s'eft contentée d'y donner le modèle des feuls principes dont le Géomètre puiffe faire ufage.

(*c*) Dans le Code déjà cité, page 180.

(*d*) Dans l'Encyclopédie, au mot *Analyfe*, page 402.

fomenter en nous des idées plus fimples, qu'un art dont nous fommes entretenus dès le berceau ? & combien ces idées n'y fructifient-elles pas, lorfque la raifon nous permet de les combiner & d'en difcerner l'ordre ! Cette même raifon ne doit-elle pas nous engager à chercher bientôt après les moyens de découvrir en quoi confifte le plaifir qu'un Art fi agréable fait éprouver chaque jour ? Ces moyens ne font pas de ceux qu'on n'a pû imaginer qu'après des expériences réitérées pendant plufieurs fiécles ; ils font entre nos mains, & de plufieurs façons : bientôt la lumière s'y développe, bientôt l'application s'en fait aux objets vifibles, & bien plûtôt peut-être en auroiton reçu ce qui a dû couter de grands efforts d'imagination pendant des tems infinis (a).

LETTRE DE M***. A M***.

LORSQUE vous m'avez prêté, Monfieur, les trois Lettres de M. Rameau & celle de M. d'Alembert, vous m'avez prié de vous dire naïvement ce que j'en penfois. Je vous obéis, Monfieur, au hafard de vous ennuyer par des réflexions que vous avez fans doute déjà faites ; mais enfin, j'ai promis, il faut tenir ma parole. Voici une partie des idées que cette lecture m'a données.

Premièrement, Monfieur, foit que cette fubftance active par laquelle nous devenons capables de réfléchir, attende l'impreffion que les objets fenfibles font fur nos fens, pour concevoir fes premières penfées, foit que des idées indéfinies, qui précèdent nos fenfations, reçoivent d'elles la borne & le figne matériel qui, après les avoir modifiées, les gravent dans notre mémoire ; dans tous ces cas, il eft impoffible de douter que la connoiffance des Sciences exactes n'ait befoin de la médiation de nos fens. Ainfi, Monfieur, foit que le deffein de connoître la fcience des rapports, qui contient en ellemême toutes les fciences poffibles, nous ait été infpiré par l'envie de mefurer des grandeurs, ou par le defir de combiner des fons, il paroît évident que, dans toutes les fuppofitions, les premiers élémens des Sciences abftraites doivent être pofés fur de pareils fondemens. Je ne puis m'empêcher de dire en paffant, que rien ne me paroît fi bizarre que la manière affirmative dont M. d'Alembert prononce, qu'il ne daignera pas même examiner fi la Géométrie peut être fondée fur la Mufique. Il eft bien étonnant qu'il n'ait pas aperçu que fi les Mathématiques font applicables à la Mufique comme aux diftances & aux grandeurs, l'amour de l'harmonie aura pu donner aux hommes les premières idées de la fcience des proportions,

(a) Lifez l'Hiftoire des Mathématiques de M. Montucla.

auffi-tôt que le defir de mefurer des lignes & de bâtir des Palais (a);
mais laiffons-là le Traducteur de Tacite, & tâchons, s'il eſt poffible,
d'entrer plus avant dans le fond de la queſtion.

Ne vous paroît-i! pas, Monſieur, affez vraiſemblable que le chant
des oiſeaux, ce concert ſi doux, ſi harmonieux, qui ſemble ani-
mer toutes les beautés de l'Univers, a dû inſpirer ſubitement aux
hommes l'idée, le goût de l'harmonie, & le defir d'imiter les ſons
flatteurs qu'ils entendoient? L'oreille, ce me ſemble, a dû avoir d'a-
bord du plaiſir à entendre, comme les yeux à voir & le nez à ſentir. Eh! vous vous rappellez, ſans doute, que l'Hiſtoire nous apprend que la paſſion de la Muſique a été plus forte & plus vive
dans ces ſiécles reculés, où les hommes étoient reſtés plus près de la
Nature. Pour moi, je ſerois affez tenté de croire que le charme de
l'harmonie dût avoir encore plus d'attraits lorſque l'homme cédoit à
des impreſſions plus vives & plus vraies, lorſqu'il étoit dans ces premiers tems comme enivré des ſentimens, des ſpeſtacles & des plaiſirs qui s'offroient naturellement à lui. Nos ames, alors plus aifées à
émouvoir, durent ſentir bien rapidement que l'harmonie s'uniſſoit im-
médiatement à elles. Je conviens de l'empire que dût avoir auffi ſur
les cœurs la douce contemplation des merveilles de la Nature; mais
il ſemble que ces merveilles viſibles nous laiſſent toûjours quelque
choſe à deſirer : il ſemble qu'elles excitent des deſirs plus grands que
ceux qu'elles peuvent ſatisfaire : il ſemble qu'il reſte un abîme entre
les chimères que l'on ſe forme & les réalités dont l'ame peut abor-
der. Je ne ſais, Monſieur, ſi vous avez fait les mêmes remarques;
mais avouez que ſi l'on convenoit de mon hypothèſe, il ſeroit
difficile de douter que la progreſſion de nos plaiſirs, & des idées
qu'ils ont occaſionnées, n'ait été relative à la ſource qui les avoit
produits.

Quoi qu'il en ſoit, il eſt preſqu'impoſſible de ſuppoſer que la Peinture, la Sculpture, l'Architecture & la Géométrie ont du faire des progrès plus prompts que cette ſcience donnée dans ſa perfection par la
Nature elle-même, qui avoit formé nos oreilles pour entendre & juger des ſons enchanteurs, notre voix pour les enfanter, notre ame pour
en être pénétrée & pour réfléchir ſur l'analogie de ces ſons qui cau-
ſoient en nous une ſi douce émotion.

On peut ajouter à ce que je viens de dire, que dès qu'il y a eu
des hommes, il a exiſté des paſſions & des cris capables de les peindre

_____

(a) Les hommes ont dû bâtir des chaumières avant que d'édifier des Palais, & ces
premières opérations, beaucoup plus néceſſaires que les ſecondes, n'ont dû avoir d'autre
principe que le beſoin & le bon ſens. Il me ſemble auffi que pour bien examiner cette
queſtion, il faudroit choiſir, ou de prendre les hommes dans la groſſiéreté des premiers âges, ou de ſe tranſporter à la naiſſance de ces Arts, fondés ſur des plaiſirs
factices, que l'inquiétude inſatiable de notre eſprit cherchoit à ſe procurer. Dans le
premier cas, l'on n'eſt point trop à portée de diſputer, & dans le ſecond, il paroît d'abord bien abſurde de dire que l'idée de M. Rameau ne mérite pas même
l'examen.

& de les exprimer. Croira-t-on que l'Amour, auſſi ancien que le Monde, ait manqué d'habileté pour tourner à ſon avantage tout ce qui pouvoit lui donner plus d'énergie & plus d'attraits? Il me ſemble que le premier amant a dû trouver dans la voix de celle qu'il chériſſoit, une harmonie enchantereſſe. Enfin, Monſieur, ſi l'Amour a inventé la Sculpture, eſt-il poſſible de ſe figurer que l'on ait deſiré d'avoir le portrait de ce qu'on aimoit, avant que de chercher à faire paſſer dans ſon ame les ſentimens dont on ſe ſentoit agité? Eh! combien de Nations capables de ſentir les charmes de l'harmonie, ont été preſque inſenſibles pendant des milliers de ſiécles à l'aimable puiſſance des autres Arts! Y a-t-il bien long-tems que l'on connoît en France les belles proportions de l'Architecture? & l'Art de la Peinture & du Deſſein n'eſt-il point encore dans ſon enfance chez les Chinois, ce peuple ſi philoſophe, ſi éclairé, qui a cependant pouſſé la ſcience ou du moins la théorie de la Muſique plus loin qu'aucun autre peuple? Il eſt certain encore que tous les hommes ſont plus ou moins ſenſibles à l'harmonie, que tous les Peuples ont des inſtrumens qui les excitent au combat, & que le ſon du Cors de Chaſſe anime à la fois les chiens & les Chaſſeurs. Il eſt vrai que tout le monde ne reſſent pas le même plaiſir à un Concert; mais toutes les oreilles ſont plus ou moins ſatiſfaites par des ſons harmonieux: un ton faux ne peut échapper à notre organe, il l'afflige, il le révolte; & celui qui apprend la Muſique a deux Maîtres qui ne trompent jamais, la Nature & le Plaiſir. Il n'en eſt pas de même des autres ſciences; on a dû tâtonner long-tems pour trouver les rapports & les proportions ſur leſquelles elles étoient fondées. La Géométrie elle-même n'a dû marcher pendant bien des années qu'à la lueur des hypothèſes fauſſes & des raiſonnemens ſophiſtiques: on peut même haſarder de dire que ce n'a pû être que par une longue ſuite de tems & de réflexions qui ſervent elles-mêmes de principes, que la Géométrie eſt devenue l'arbitre des ſuppoſitions ſur leſquelles elle s'étoit appuyée. Cependant il a fallu des inſtrumens, des expériences accumulées, pour lui faire faire quelques progrès. Eſt-il poſſible enfin de ne pas convenir que toutes les fois que l'on applique en Géométrie la pratique à la ſpéculation, le phyſique de ces opérations n'affecte notre ame par l'idée de la perfection réaliſée, que dans la ſeule Muſique, qui ſatisfait à la fois le ſentiment, les organes & la réflexion?

Oui, ſans doute, c'eſt ſeulement dans la Muſique, comme M. Rameau l'a remarqué, c'eſt uniquement dans le charme des proportions muſicales que l'on a aperçu la réalité des rapports les plus parfaits que l'eſprit a la faculté de concevoir. Eh! qu'importe de ſavoir ſi l'on a diviſé des lignes avant que d'avoir diviſé des ſons? Je ſuppoſe que la Géométrie & la Muſique encore en leur enfance, l'eſprit humain pouvoit être aſſez avancé pour réfléchir en même-tems ſur ce qu'il voyoit & ſur ce qu'il entendoit; que par conſéquent il a pû apercevoir diſtinctement que lorſqu'il n'exiſtoit rien dans la Nature qui lui préfentât l'image réelle d'aucunes proportions parfaites, l'harmonie métaphyfiquement exacte donnoit en même tems à fon ame l'idée de la perfection, & , fi j'ofe le dire , le fpectacle fenfible des rapports de cette perfection. Je ne puis m'empêcher de répéter ici les paroles de M. Rameau, lorfqu'il nous dit que la Nature a choifi le fens de l'Ouïe pour s'expliquer à nous plus intelligiblement. Il ne s'eft pas contenté, Monfieur, de nous préfenter une fi ingénieufe idée, il l'a pouffée jufqu'à la démonftration par fes raifonnemens & fes découvertes.

En effet, quelle fource de réflexions pour celui qui s'aperçoit en même-tems que certaines proportions arithmétiques & géométriques produifent de l'harmonie, que dans toute harmonie l'on retrouve ces proportions & ces rapports, & que ces rapports enfin, comme M. Rameau l'a démontré, ont dû donner l'idée des rapports parfaits avant que la fcience des proportions ait produit aucune harmonie, parce qu'il feroit abfurde de penfer que l'on a eu l'idée de l'harmonie muficale avant d'en avoir entendu ! D'ailleurs, il faut obferver que nous fommes conftruits de manière que notre organe monte ou defcend proportionnellement que l'oreille, qui feconde la voix, connoît & entend ces degrés au même inftant que notre ame les compte & les compare.

Auffi eft-ce uniquement dans le corps fonore, comme le prétend M. Rameau, que les rapports parfaits qui y font exactement contenus tracent à notre ame enchantée le tableau d'une géométrie vivante, auffi exacte dans la pratique que dans la fpéculation. Telles font les réflexions que l'on peut faire d'après les idées de ce grand homme. Il faudroit fans doute paffer la moitié de fa vie à fe familiarifer avec ces principes & à fe les rendre propres, pour employer l'autre à développer les réfultats, & à effayer de les étendre.

Effectivement, puifque tout ce qui exifte dans l'Univers tient à des rapports infinis, la fcience des rapports eft à la fois celle du Créateur & celle de l'homme, avec cette différence que l'Auteur de l'Univers voit tous les rapports poffibles dans un feul & unique point. D'après cette réflexion, remarquez, Monfieur, quelle admiration l'on doit à la découverte de M. Rameau, qui a vû le premier (a) dans le corps fonore une fource inépuifable de combinaifons juftes, que l'on peut alternativement réduire à l'unité & développer à l'infini.

_____

(a) Quand M. d'Alembert auroit prouvé, ce qu'il lui eft impoffible de faire, que l'on a mefuré des furfaces avant d'avoir combiné des nottes, il n'en feroit pas plus avancé, parce qu'il n'en feroit pas moins vrai que le fens de l'ouïe a dû préfenter plus nettement qu'aucun autre fens à l'ame de celui qui s'en occupoit, une fource plus féconde de proportions & de rapports ; & il eût fallu cependant, pour effleurer les principes de M. Rameau, effacer entièrement ce grand côté du tableau.

REFLEXIONS

REFLEXIONS

D'après les Principes de M. Rameau.

IL semble qu'on ne peut admirer affez l'attention de la Nature, qui a formé nos oreilles de manière qu'elles ne diftinguent dans le fon que la proportion harmonique, qui peut feule infpirer à notre ame l'idée de l'harmonie, parce qu'il n'en peut exifter qu'autant que l'on entend différens fons ; mais dans le même inftant que ces différences proportionnelles flattent notre oreille, leur harmonie eft multipliée & animée en quelque façon par les fons qui forment la proportion géo-métrique ; & c'eft alors que nous fommes à la fois féduits par la fé-condité inépuifable des fons, & par la combinaifon parfaite de leurs rapports. Ce qui achève de nous repréfenter la merveilleufe fécon-dité du corps fonore (dont les produits fe développent à l'infini au moment même qu'ils rentrent dans l'unité) c'eft de voir qu'en faifant réfonner un feul point d'une feule corde dans un inftrument fur le-quel il y en auroit plufieurs accordées dans l'ordre de fes multiples & fous-multiples, & dans une progreffion que la longueur & la quan-tité des cordes peut feule borner, ce fon fait frémir à la fois toutes les tierces, les quintes & les octaves imaginables. Que de ré-flèxions à faire fur l'immenfité de tous ces rapports qui fe déve-loppent en un inftant, par le moyen duquel leurs accords s'iden-tifient & fe réuniffent, pour ainfi dire, au moment même où ils fe féparent !

FIN.

B

ORIGINE

DES SCIENCES.

C E n'eſt que dans la Nature même qu'on peut puiſer de juſtes idées de la vérité : ces idées ne peuvent naître en nous que des effets produits par les objets qu'elle offre à nos ſens ; & de tous ces ſens, celui de l'Ouïe paroît être le ſeul dont on puiſſe profiter pour arriver à quelques connoiſſances.

Tranſportons-nous dans les premiers tems d'ignorance, dont l'époque ne peut ſe tirer que de l'Hiſtoire, & repréſentons nous bien les objets qui s'offrent à nos yeux dans la Nature ; nous n'y verrons que des Aſtres où ſemble règner la confuſion ; l'Arc-en-Ciel, ſi l'on veut, où la dégradation imperceptible des couleurs ne laiſſe rien diſtinguer de certain ; une variété inconcevable de corps animés, ſur laquelle on ne peut rien fixer. Reſte donc, ſelon la tradition, le partage des terres en Egypte, comme ſi, à la vûe des cinq doigts de chaque main, notre inſtinct ne ſuffiſoit pas pour faire apprécier le plus ou le moins, auſſi bien que l'excès de l'un ſur l'autre. N'a-t-on que ce moyen à propoſer pour fonder les grandes découvertes dûes à la ſpéculation du Géomètre ? Ce ſeroit la vouloir faire paſſer pour un miracle que de s'en tenir là. Cependant le ſilence règne encore ſur tout autre moyen dont la raiſon puiſſe être ſatisfaite. On a cru, pendant un aſſez long tems, l'avoir trouvé, cet autre moyen ; mais ceux à qui l'on n'en peut guère diſputer la découverte, paroiſſent n'avoir rien négligé pour le voiler à nos yeux. Je m'explique.

L'Egypte eſt le lieu où l'on convient que des Prêtres s'adonnérent, les premiers, à la recherche des Sciences ; qu'ils poſſédoient, entr'autres, celles de la Muſique, de l'Arithmétique & de la Géométrie juſqu'à un certain point, qu'ils avoient même une ſorte de Théologie ; on ajoute à cela que pluſieurs grands Philoſophes de la Grèce avoient profité de leurs leçons. Reſte à ſavoir maintenant par quelles voies la première idée de ces Sciences leur eſt parvenue, & de quelle façon ils les ont communiquées.

S'il ne peut naître en nous d'idées que des effets qui frappent nos ſens ; ſi parmi ces ſens on ne peut guère conclure qu'à la faveur de ceux de la Vûe & de l'Ouïe ; & ſi, conſéquemment à ce qui vient d'être expoſé, la Nature n'offre rien aux yeux ſur quoi l'on puiſſe fonder quelques idées lumineuſes ; il n'y a donc plus de reſſource, en ce cas, que dans les objets du reſſort de l'oreille, & la Muſique eſt le ſeul qui ſe préſente pour lors.

Ici vient à propos la queſtion déciſive de M. Rameau (a), ſavoir, que les nombres n'ont aucun pouvoir ſur le corps ſonore, puiſqu'il ſeroit abſurde de prétendre qu'ils le forcent à ſe diviſer en deux, en trois, en quatre, &c. pour produire telles ou telles conſonances ; on voit, au contraire, qu'en produiſant ces conſonances, il détermine, entre les nombres qui les déſignent, tels & tels rapports, dont le plus ou le moins de perfection ſe décide ſur le plus ou le moins de plaiſir qu'on reçoit de ces mêmes conſonances : or, voilà préciſément ce que les nombres, comparés entr'eux de toutes les façons, ne pourroient faire comprendre, ſi nous ne le tenions pas d'un effet dont un de nos ſens fût affecté (b) ; & voilà par conſéquent de quoi enrichir l'Arithmétique de principes qui puiſſent acheminer à la Géométrie ; mais ce n'eſt rien encore.

Pour peu qu'on y réfléchiſſe, on voit d'abord qu'il n'y a pas à douter ſur le choix entre la Muſique & l'Arithmétique, pour juger de l'objet dont les effets puiſſent répandre quelques lumières ſur l'autre. D'ailleurs, par quel hazard le ſeul Art de la Muſique ſe trouve-t-il en compromis avec l'Arithmétique & la Géométrie chez les premiers diſpenſateurs des Sciences ? D'où leur eſt venue l'idée de la Muſique, ſi ce n'eſt de ce qu'ils ont entendu chanter, & qu'ils ont chanté eux-mêmes ? C'eſt le ſeul Art qu'on puiſſe dire être né avec l'homme : auſſi eſt ce le ſeul dont la Nature ait bien voulu nous favoriſer en naiſſant, pour que les charmes que nous en aurions une fois éprouvés engageaſſent notre curioſité à pénétrer dans ſes ſecrets, nous en ayant même procuré le moyen le plus ſimple dans une infinité de corps ſonores, que nous puiſſions manier & meſurer à notre fantaiſie, dans notre voix même, en cas de beſoin. Il falloit de la Géométrie pour prendre connoiſſance des autres Arts, & la Muſique ſeule a pu ſuf-

(a) Page 128 du Code de Muſique de M. Rameau.
(b) Superbiſſimum auris judicium.

fire pour arriver à la Géométrie. Je prie le Lecteur de me suivre avant de me condamner.

Le premier système de Musique qui ait paru chez les Grecs ne contenoit que quatre Sons ou Notes, formant la consonance de la quarte entre les extrêmes, sous le titre de *Tétracorde*, dans cet ordre diatonique (*a*), *si*, *ut*, *re*, *mi*, où le demi-ton sur lequel monte un premier son donné, comme de *si* à *ut*, n'est pas naturel : en voici la raison, prise dans la Nature même.

Tout son naît d'un corps sonore (*b*) ; par conséquent, à quelque degré que notre voix se porte, il en résulte un corps sonore dont l'harmonie, produite par les parties dans lesquelles il se divise naturellement, procède toûjours en montant : aussi, tel qui murmure des sons de lui-même, s'il ne débute par le plus bas, il le prend du moins dans le *medium* de sa voix, toûjours dans le dessein de monter, à moins que quelques réminiscences n'en ordonnent autrement ; première subordination aux Loix de la Nature ; mais la plus essentielle, c'est que se laissant guider par l'instinct, & ce premier son lui suggérant son harmonie, s'il manque d'expérience, il montera, sans y penser, à la quinte, même plûtôt qu'à la tierce, parce que la quinte est la plus analogue au principe ; c'est la première consonance qui se présente après l'octave, aussi constitue-t-elle l'harmonie & sa succession naturelle (*c*). Cependant, pour peu que les moindres degrés qui servent à passer d'une consonance à l'autre lui soient familiers, au lieu de la quinte, dont il est intérieurement frappé, sans le savoir, il entonnera l'un de ses harmoniques, savoir, la quinte de cette quinte, qui donne le ton au-dessus du premier son, & s'il veut descendre, il entonnera sa tierce majeure, qui est le demi-ton au-dessous de ce même premier son. Moins on aura d'expérience, plus on se laissera guider par ces Loix naturelles : quelqu'expérimenté qu'on soit même dans l'Art, on ne pourra faire autrement, en se laissant conduire par le seul instinct. Concluons de-là que le demi-ton en montant après un premier son, donné sans réflexion, ne sauroit être inspiré, comme chacun peut l'éprouver.

D'où peut naître le sentiment qui nous engage à préférer un tel intervalle après un premier son, si ce n'est de ce son même qu'on appelle pour cette raison, *Note du Ton*, *Tonique*, *Ordonnateur* ? Il faut bien que l'inspiration naisse d'un effet quelconque ; & que produiroit, en ce cas, l'effet d'un son, si ce son étoit unique ? Quand nous conversons, est-ce le son de la voix (son qui pour lors n'est

(*a*) Le terme de Diatonique s'emploie pour exprimer l'ordre des moindres degrés ou intervalles naturels à la Voix, comme ils se trouvent dans tous les systèmes de Musique modernes, dans la Gamme.

(*b*) C'est un fait d'expérience reçu, savoir, que tout corps sonore fait résonner sa douzième, octave de la quinte, & sa dix-septième, double octave de la tierce majeure.

(*c*) Dans le Code déjà cité, *pages* 99, 200, 201, 102 & 212.

qu'un bruit) qui nous la fait monter ou defcendre à tel ou tel degré ? Ce n'eft que ce que nous voulons exprimer qui décide de fes
inflexions. Voudroit-on que la préférence ne fût dûe qu'au hazard
dans la Mufique , parce qu'on n'a pû dire encore de quel effet eft
venue au Géomètre la première idée de préférence entre les rapports,
idée qui n'a pu faire loi qu'à la faveur d'un principe évident ? Ce
principe fe découvre t-il dans aucun objet du reffort de la vûe ?
Voudroit on que la Nature fe fût expliquée pour chaque fens en particulier , lorfque nous devons d'autant plus admirer fes decrets, qu'elle
a compris dans un feul objet tout ce qui pouvoit les concerner ?
Comment pouvoit-elle nous faire naître l'idée d'une proportion , par
exemple , à la vûe de différens objets , dont chacun ne paroît qu'un ,
pendant qu'elle nous les fait toutes entendre dans un feul corps , &
diftinguer les unes des autres , en nous y faifant même éprouver des
charmes qui aiguifent notre curiofité ? & quel eft ce corps ? Un corps
à notre choix, que nous pouvons manier & divifer , comme je l'ai
déjà dit. Que voit-on dans la Nature qui approche de ce Phénomène ?
Comment opérer fur les objets qu'elle offre à nos yeux , quand on ne
fait pas encore par quel moyen s'y prendre ?

Les confonances ne fe font pas plûtôt emparées de l'oreille , que
les degrés qui conduifent de l'une à l'autre les fuivent de près ;
& bientôt le tout ne s'y préfente plus qu'en confufion , dès qu'on
veut chanter, d'autant qu'une mélodie fimplement formée de confonances eft extrêmement ftérile & bornée : auffi n'eft-il queftion d'aucun
particulier qui fe foit jamais avifé d'une pareille mélodie , continuée
pendant un certain efpace de tems , & c'eft ce qui fit d'abord adop-
ter aux Grecs le *Tétracorde* dont il s'agit , non qu'ils n'aient dû s'y
apercevoir fur le champ de l'inconvénient du demi-ton au-deffus
du premier fon ; mais ils crurent apparemment pouvoir s'en tenir à des
degrés qui leur étoient déjà familiers , fans porter leurs vûes plus
loin ; de forte qu'ils le tournèrent de toutes les façons pendant un
affez long tems , en y mêlant même du Chromatique & de l'Enhar-
monique. Ce fut, fans doute , lorfque les fentimens commençoient à
fe partager , que Pythagore de retour d'Egypte , où l'on pouvoit
l'avoir entretenu de ce *Tétracorde*, & de la progreffion triple (chaque chofe à part , & fans autre explication) rebuté néanmoins du
premier demi-ton qui répugne à tous , s'avifa de chercher dans cette
progreffion des rapports qui puffent lui rendre des degrés ou intervalles , dans l'ordre où nous les entonnons naturellement ; & fon
fuccès fut fi grand , qu'il en forma un fyftème diatonique , qui s'eft
maintenu jufqu'à ces derniers jours , furtout à la faveur du premier
ton en montant , mais nullement quant aux rapports du plus grand
nombre des intervalles.

Si cependant l'on a prétendu former , avec ce *Tétracorde*, un fyftème de Mufique parfait , comme il l'eft effectivement , à la honte
de

de tous les Auteurs qui n'en ont encore donné que de faux, depuis Pythagore jufqu'à M. Rameau inclufivement (*a*), il faut qu'on y ait été guidé par un principe antérieur, duquel on ne puiffe appeller, & c'eft ce qu'il faut examiner.

Sans approfondir les raifons qui ont engagé un petit nombre de particuliers (ce font les Prêtres de l'Egypte) à chercher les moyens de pénétrer dans les fecrets de la Nature, on peut juger qu'ils fe font d'abord attachés aux objets vifibles; mais n'en pouvant tirer aucune conféquence (felon les remarques précédentes) capables de les perfuader, il ne paroîtra pas étonnant que parmi des efprits curieux, pénétrans, fans doute ambitieux, il ne s'en foit trouvé un qui ait repréfenté qu'il reftoit encore un moyen dans la Mufique, dont on éprouvoit des effets plus ou moins agréables entre certains fons; & que fi l'on pouvoit en connoître les rapports, peut-être que ces rapports deviendroient de quelque utilité pour les objets vifibles; d'autant qu'il y a tout lieu de croire que des rappors qui plaifent à un fens, doivent naturellement plaire aux autres : il n'aura pas manqué de repréfenter encore (comme nous l'avons déjà infinué) que cette parfaite juftefle, dans les rapports harmoniques, également communiquée à tous, ne pouvoit naître que d'un effet naturel, & que cet effet ne pouvoit abfolument fe découvrir que dans le fon même.

Il n'y a pas à douter qu'entre différens corps fonores on n'ait choifi pour lors une corde tendue de manière qu'elle pût rendre un fon : les termes, même, de *Monocorde*, de *Tétracorde*, femblent l'annoncer : c'eft d'ailleurs l'inftrument fur lequel on peut opérer le plus facilement pour le fait dont il s'agit : il n'y a pas à douter, non plus, qu'on n'ait écouté, avec toute l'attention poffible, l'effet du fon de cette corde, avant que de s'occuper d'aucun autre moyen pour découvrir ce qu'on defiroit y trouver, & qu'enfin on y aura diftingué cette harmonie parfaite que nous y reconnoiffons aujourd'hui. En a-t-il fallu davantage ?

Etoit-il réfervé au P. Merfennes de découvrir le premier ce Phénomène ? Si les grands effets de l'Art, fi la fimple Mélodie, à laquelle fe font bornés les Grecs, du moins dans leur théorie, & que les Modernes n'ont que trop imité, ont pû nous diftraire de l'effet du corps fonore : fi même après plus d'un fiécle que cet effet eft reconnu, on n'a pas eu le moindre foupçon fur le principe qui s'en déduit, & dont la découverte n'eft dûe qu'à M. Rameau : Eft-ce une raifon pour qu'il ait pû échapper à des hommes qui vouloient fe diftinguer par quelques nouveautés dignes d'attention, & qui par conféquent n'étoient préoccupés de rien qui pût les en diftraire ?

Quelle joie pour ces Prêtres d'être convaincus que trois fons différens réfonnent dans un feul corps ! que n'en auront-ils pas con-

____

(*a*) M. Rameau ne fe rapproche de la vérité que dans fon Code, &c. où j'ai déjà renvoyé, & ne l'annonce que dans le Mercure de Juin 1761, & dans une brochure qu'il donne à qui la defire.

C

clu en faveur de tout ce qui s'offroit à leurs yeux ! fans doute,fe feront-ils dit, les différens objets, que nous appercevons, font com-
pofés de plufieurs parties dont l'analogie ne peut qu'égaler celle qui
fe trouve entre les parties d'un objet que nous avons toujours cru
unique, jufqu'à ce qu'enfin, par une attention fans relâche, nous y
en avons reconnu trois ? Peut il fe trouver des rapports plus parfaits
que ceux dont nous venons d'être frappés ? Ne perdons point de
tems, voyons quels peuvent être ces rapports : cherchons-les fur la
corde même : le moyen en eft tout fimple : il ne s'agit que de pouvoir reconnoître, en gliffant un doigt fur cette corde, la fection où
nous entendrons les uniffons des fons fugitifs que nous y avons dif-
tingués : faifons-la réfonner de nouveau, auffi fouvent qu'il fera né-
ceffaire pour nous bien inculquer ces uniffons dans l'oreille : nous
mefurerons ce qui nous reftera de la corde au-deffous du doigt, nous
le comparerons à l'unité, cenfée repréfenter la corde totale, & nous
faurons bientôt en quoi confiftent ces rapports. Ces moyens font à
la portée de tout le monde : & les fuppofer imaginés par des hommes rares, ce n'eft pas dire beaucoup.

Sans s'étendre davantage fur les moyens d'opérer, il fuffit de dire
qu'on entend au tiers de la corde fa douzième, octave de la quinte
qui fe forme avec fa moitié; & à fon cinquième, la dix-feptième, double octave de la tierce majeure qui fe forme avec fon quart; mais
ce qui dut furprendre, c'eft de n'avoir point diftingué, dans la réfonnance du corps fonore, les octaves qu'on venoit d'entendre dans
fon demi & dans fon quart, & bien plus, de reconnoître qu'il n'é-
toit jamais queftion dans le chant, de douzième, ni de dix-feptième,
mais bien de la quinte & de la tierce : qu'augurer de tout ceci ? A-
t-on befoin d'un grand difcernement, pour juger que les octaves fe
confondent à l'oreille comme dans le corps fonore ? N'en reconnoît-
on pas, même, la néceffité dans les bornes de nos facultés ? & pour
peu qu'on y réflechiffe, on voit, comme on le fent, que plus il y
a d'analogie entre les objets, moins on les diftingue les uns des autres : auffi la dix-feptième fe diftingue-t-elle plus aifément & plus
promptement que la douzième dans la réfonance du corps fonore.
Bien d'autres fujets de réflexions, & bien plus importans encore, fe
préfentent dans cette première opération.

On voit d'abord le corps fonore engendrer avec la confonance,
le nombre qui doit la défigner rélativement à l'unité, repréfentée,
quand il en eft befoin, par l'une de fes octaves, 2, 4, &c. (a) ré-
fléchiffant enfuite fur les bornes de fa réfonance, où l'on ne diftingue rien au-delà de fa cinquième partie, on y aura reconnu deux proportions différentes, auxquelles on aura donné tel autre nom qu'on aura
voulu, peut-être celui de progreffion, n'importe; car dans 1, 3, 5,

---

(a) Nous abandonnons quelquefois les fractions, $\frac{1}{2}\frac{1}{3}$ &c. dès qu'on peut les
foufentendre.

qu'on diftingue, il y a différence d'un terme, ou d'un nombre à l'autre, au lieu que dans 1, 2, 4, qu'on ne diftingue pas, les termes fe doublent de l'un à l'autre ; ce qui engendre , d'un côté, la proportion harmonique, dite arithmétique en Géométrie , & de l'autre la géométrique. Voilà déjà bien du chemin de fait pour l'Arithmétique : c'eft du moins une preuve bien convaincante de ce que l'inftinct auroit pû faire deviner en pareil cas ; mais avant que de paffer à de nouvelles conféquences , qui n'auront pû échapper à des hommes auffi intelligens que devoient l'être les Prêtres en queftion, voyons les fruits qu'ils auront tirés de ces premières notions pour la Mufique.

Quand nous chantons , fe feront-ils dit, notre voix ne fe porte à aucune des confonances qu'on diftingue dans la réfonnance du corps fonore, fi ce n'eft à celle de leurs octaves qui s'avoifine le plus du fon de la totalité de ce corps ; mais en même tems nous nous livrons volontiers à de petits intervalles , qui nous femblent des degrés propres à nous conduire à ces octaves, où nous nous arrêtons, auffi bien qu'à leur générateur , à chaque fois que nous voulons terminer un Chant. D'où naiffent donc ces degrés, dont on ne reconnoît nulle trace dans l'harmonie du corps fonore ? Nous voyons bien que la progreffion ou fucceffion du Chant en demande également une au corps fonore, qui exifte dans chaque degré de notre voix : & nous ne pouvons, pour nous y conformer, que faire fuccéder au premier corps fonore l'une de fes confonances, qui fera d'abord fa quinte, puifquil l'engendre la première après fon octave, dont on ne peut rien efpérer de nouveau : or, cette quinte, donnée par une autre corde, fera un nouveau corps fonore, dont l'harmonie nous affectera comme dans le premier ; de forte qu'il ne s'agit plus que d'éprouver fi dans cette harmonie fe rencontrent, du moins, quelques-uns des degrés qui conduifent aux repos déjà cités : & pour cet effet, en voyant la quinte de 1 à 3, ils auront dit, celle de 3 eft par conféquent à 9 : d'où comparant 9 à 1, qu'ils auront porté à celle de fes octaves la plus voifine de 9, favoir 8, ils auront éprouvé l'effet de ce rapport 8, 9, ils y auront fenti le même degré qui conduit naturellement d'un premier fon à fa tierce, & qu'on appelle *ton* : ce qui leur aura fait connoître qu'il falloit néceffairement que la quinte d'un premier fon s'emparât extrêmement de l'oreille, puifqu'à fon défaut, on ne pouvoit fe difpenfer de lui fubftituer l'un de fes harmoniques à la fuite de ce premier fon (*a*).

Il n'y a pas à douter qu'après une fi heureufe découverte ces Prêtres

(*a*) *Voyez les p. 3 & 4 de la Préf.* fans oublier que l'oreille détermine la mefure des rapports qui lui font fenfibles, & en même-tems les nombres engendrés avec les intervalles qui forment ces rapports : *fuperbiffimum auris judicium ;* au lieu que les objets vifibles, dont les effets font naître en nous quelques idées de rapports, ont befoin d'être mefurés avant qu'on puiffe s'affurer fi l'idée mérite la peine qu'on s'y arrête : encore l'œil peut-il nous tromper.

n'ayent compté trouver dans la même source le degré qui conduit de la tierce à la quinte ; mais quelle aura été leur surprise , lorsqu'ils auront vû ne pouvoir le tirer que d'une nouvelle quinte qui n'existe pas ! en effet , la quarte *fa* , qui vient après *mi* , tierce d'*ut* , premier corps sonore , *Tonique* , en un mot , n'est ni dans l'harmonie d'*ut* , ni dans celle de sa quinte *sol* : cependant ce *fa* dont *ut* est quinte , est le seul corps sonore à la quinte au - dessous d'*ut* qu'on puisse employer pour lors : l'oreille y souscrit , mais nullement la raison , qui devoit tenir le premier rang chez des hommes qui pensent : aussi ne leur aura-t-il pas fallu beaucoup de réflexions pour juger qu'en employant *fa* , l'*ut* seroit son produit , & ne seroit plus principe ; c'est pourquoi , voulant conserver à cet *ut* le droit de principe , en lui assignant l'unité , ils ont essayé de changer l'ordre de la marche , & l'ont fait commencer par sa quinte *sol* , dont ils ont obtenu ce Tétracorde $\left\{ \begin{array}{cccc} \text{si} & \text{ut} & \text{re} & \text{mi} \\ \text{sol} & \text{ut} & \text{sol} & \text{ut} \\ 3 & 1 & 3 & 1 \end{array} \right\}$ (*a*) où le *fa* déja exclu , les aura forcés de s'arrêter , comme auparavant ; cependant l'instinct nous portant naturellement à suivre l'ordre diatonique de la Gamme d'un son jusqu'à son octave , ils auront bientôt senti , comme ils l'auront vû , qu'on pouvoit y parvenir en ajoutant un nouveau corps sonore à la quinte de l'un des deux premiers , dont ils venoient d'obtenir ce *Tétracorde* ; mais lequel des trois corps sonores prendre pour générateur ? C'est dans ce moment qu'ils ont eu besoin de toute leur sagacité : c'est dans ce moment , sans doute , que voulant s'assurer , encore plus qu'ils ne l'avoient fait , de la puissance du corps sonore , ils n'auront pas manqué de l'éprouver à l'égard de ses parties aliquantes , comme à l'égard de ses parties aliquotes (*b*) : & que les voyant toutes frémir à la résonnance de ce corps , pendant que ses aliquantes se divisoient en ses unissons , il ne leur en aura pas fallu davantage pour juger , qu'annullant par cette division , tout plus grand corps que le sien , on ne pouvoit lui supposer d'antécédent (*c*) , &

(*a*) Dans les Instrumens artificiels , comme Trompettes & Cors-de-chasse , dont le son de la totalité s'appelle *ut* , sa quarte *fa* , & sa sixte *la* sont fausses : au lieu que toutes les consonances de sa quinte *sol* y sont justes : il semble même que la Nature ait voulu pourvoir à rendre son *Mode* praticable sur ces instrumens , en nous donnant la faculté d'enfler le son *fa* , au point d'y devenir *fadiéze*. Ce qui doit nous préparer à reconnoître la quinte du générateur pour premier ordonnateur : si bien qu'en donnant ce dernier titre à *ut* , on supposeroit pour-lors *fa* pour générateur.

(*b*) Les parties aliquantes sont les plus grandes en nombre entiers , comme la double 2, la triple 3, &c. & les aliquotes sont les plus petites , justement celles qui naissent de la division du Corps sonore , comme sa moitié $\frac{1}{2}$, son tiers $\frac{1}{3}$, &c. On les appelle aussi Multiples & Sous-multiples : en Musique ce sont les sons les plus graves ou les plus bas , & les plus aigus ou les plus hauts.

(*c*) L'antécédent est toujours le premier terme ou nombre d'une proportion , & le conséquent en est le dernier : l'un est ici la quinte au-dessous , & l'autre celle d'au-dessus : l'une s'appelle *Sous-dominante* en Musique , l'autre *Dominante* : ce qui suppose une Note entre deux , appellée Ordonnateur ou Tonique , & terme moyen en

qu'ainfi l'on ne pouvoit entreprendre de progreffions que du côté de fes aliquotes ; ce dont ils devoient bien fe douter, quoique furpris néanmoins, vû qu'on monte & defcend indifféremment quand on chante ; mais revenant fur leurs pas (comme on doit le fuppofer) & fe rappellant les deux proportions qu'ils venoient de découvrir, ils y ont bientôt reconnu que c'eft la confonance, non fon générateur, qui décide du genre de la proportion, où elle tient le milieu : le nombre qui l'indique s'appellant *Terme moyen*, & les deux autres fes *extrêmes*. En effet, dans 1, 2, 4, c'eft 2, qui détermine la multiplication par lui-même, puifqu'il eft double de fon antécédent 1 : & dans 1, 3, 5, c'eft 3, qui détermine la différence de 2 entre 3 & 5, puifqu'il reçoit la même différence de fon antécédent 1 : non que 2 & 3, auffi bien que tout autre nombre, ne puiffent jouir du même privilège dans chaque proportion; mais la nature, en voulant prévoir à tout dans un feul objet, s'eft contentée d'en donner les modèles : admirons furtout le biais qu'elle a pris pour faire diftinguer une proportion de l'autre, fans qu'on puiffe s'y tromper (*a*) : admirons encore plus comment le principe y conferve fes droits, puifque c'eft de lui, de l'unité, que le terme moyen reçoit la qualité, pour ne pas dire, la quantité par laquelle il devient l'arbitre de la proportion : auffi lui fert-il toujours d'antécédent, en l'appuyant de tout fon miniftére, non feulement pour faire diftinguer fa confonance, mais encore pour lui communiquer le droit d'étendre fa progreffion de chaque côté, & d'ordonner, par ce moyen, en fa place, de toute fa génération.

Concluons, de tout ce qui vient d'être annoncé, que les deux *Tétracordes conjoints* doivent débuter par le terme moyen de la proportion triple, c'eft-à-dire, par l'ordonnateur *fol*, repréfentant fon générateur *ut* dont il eft quinte ; & cela, furtout pour infpirer, par fon harmonie naturelle, les différens intervalles qui peuvent lui fuccéder : en voici l'ordre, tel que M. Rameau l'a donné dans le Mercure de Juin 1761.

Géométrie, fans autre définition, lorfque cependant c'eft à ce même terme que le principe céde le droit d'ordonner de toute fa génération. Une pareille puiffance auroit-elle échappé au Géomètre, qui l'éprouve dans toutes fes opérations ?

(*a*) Les confonances qu'on diftingue font entrelacées avec celles qui paroiffent garder le filence ; cependant les parties de celles-ci font plus grandes, & devroient être les plus fenfibles : qui plus eft, les proportions qu'elles forment font entrelacées, l'une par des nombres pairs, l'autre par des impairs également entrelacés. Quelles lumières cela ne doit-il pas répandre dans des efprits pénétrans, pour en faire de juftes applications à des fciences encore au berceau, & qui par elles-mêmes ne peuvent rien fuggérer de femblable entre les fons ! La preuve en eft bien conftante, puifque la proportion géométrique étoit encore inconnue dans la Mufique avant M. Rameau.

Syſtême diatonique produit par ſa Baſſe fondamentale en proportion triple, ou de quintes, & compoſé de deux Tétracordes conjoints tant en montant qu'en deſcendant, pour le Mode mineur comme pour le majeur.

48	54	60	64	72	80	72	64	60	54	48	45	48
ſol	la	ſi	ut	ré	mi	ré	ut	ſi	la	ſol	fadiéze	ſol
8e.	5te.	3^{ce}.	8e.	5te.	3^{ce}.	5te.	8e.	3^{ce}.	5te.	8e.	3^{ce}.	8e.
ſol	ré	ſol	ut	ſol	ut	ſol	ut	ſol	ré	ſol	ré	ſol
3.	9.	3.	1.	3.	1.	3.	1.	3.	9.	3.	9.	3.

Les chiffres d'en haut marquent les rapports que les Notes du Syſtême ont entre elles & avec les chiffres d'en bas en proportion triple, au-deſſus deſquels ſont les Notes par quintes dont ſe forme la baſſe fondamentale : & les chiffres du milieu marquent les conſonances du Syſtême avec la Baſſe fondamentale.

De tous les Syſtêmes de Muſique, le ſeul *Tétracorde* doit jouir du titre de parfait, comme on va le prouver : les Syſtêmes des Grecs ſont pleins d'erreurs, & l'on n'a pu s'en laiſſer ſurprendre que par une prévention aveugle en leur faveur, ſinon en faveur des effets merveilleux qu'ils en racontent : ſi Zarlino a corrigé quelques - unes de ces erreurs, il n'en reſte encore que trop, dont M. Rameau, lui-même, ne s'eſt point aſſez-tôt apperçu, puiſqu'il y a voulu ſoumettre ſa Baſſe fondamentale ; cependant à force de recherches, ayant reconnu que c'étoit à cette même Baſſe fondamentale qu'il falloit ſoumettre tout Syſtême de Muſique, il s'eſt enfin rappellé ce premier *Tétracorde* d'où ſont partis les Grecs, & qu'il avoit d'abord négligé, ſans doute à cauſe du premier demi-ton en montant : il a bien vû, comme eux, que pour arriver à l'octave il en falloit joindre deux l'un à l'autre ; mais il a vû, de plus, le précipice où ils nous ont jettés, en abandonnant un pareil Syſtême, pour lui en ſubſtituer un, dont nous conſervons encore de grands défauts, ſavoir, trois tons de ſuite, qui ne ſont pas naturels, & le changement de *Mode* forcé par le troiſième ton : pour-lors il n'a plus balancé ſur le choix, & portant le premier demi-ton à la fin, il s'eſt enfin trouvé récompenſé de ſes ſoins, en cherchant néanmoins la raiſon pourquoi il n'avoit d'abord été queſtion que d'un ſeul *Tétracorde*. En effet, il n'en a pas fallu davantage aux inventeurs de ce *Tétracorde* pour donner les premieres régles de l'art ; s'étant apparemment réſervés tout ce qui auroit pû faire naître quelques ſoupçons ſur le vrai principe, dont les conſéquences annoncées, jointes à celles qui vont ſe déduire dans la ſuite, leur ont vraiſemblablement procuré les connoiſſances qu'on leur attribue. Je crois cependant devoir prouver avant toute choſe (pour la ſatisfaction de ceux qui veulent tout ſavoir) qu'on ne peut rien ajouter à ce *Tétracorde*, fans qu'il n'en réfulte quelques imperfeéions.

Il n'y a que deux *Cadences* naturelles, l'une eft donnée par deux fons fondamentaux qui defcendent de quinte, comme de *fol* à *ut*, ou de *ré* à *fol*, l'autre par les deux mêmes fons qui montent de quinte, comme d'*ut* à *fol*, ou de *fol* à *re* : or ces deux *Cadences* font contenues dans le premier *Tétracorde*, & ne font que fe répéter dans le deuxiéme : on les voit naître de ce même principe, dans le Syftême diatonique, de deux en deux Notes, & l'on peut éprouver que non-feulement tous les repos du Chant (ce qu'on appelle *Cadence*) fe forment de deux de ces Notes, ou des deux fons fondamentaux qui les engendrent, mais encore qu'après que l'ordonnateur a donné le fentiment de fon *Mode* par fon harmonie, c'eft lui qui termine toutes les *Cadences* d'un bout à l'autre : il eft vrai que le deuxième *Tétracorde* s'y joint, mais la *Cadence* qu'il y forme en montant de quinte d'*ut* à *fol*, n'eft-elle pas déjà exprimée dans le premier en montant de *fol* à *ré* ? On doit donc juger, par là, que fi la *Cadence* de *fol* à *ré* eft du *Mode* de *fol*, celle d'*ut* à *fol* peut être du *Mode* d'*ut* ; de même encore que fi l'on ajoutoit un nouveau *Tétracorde* avant le premier, la *Cadence* de celui-ci, en paffant de *fol* à *ré*, pourroit appartenir à cet autre : ce qui prouve qu'un *Tétracorde* a toujours une *Cadence* commune avec deux autres qui s'y lient, l'un avant, l'autre après ; d'où fuit la néceffité de le faire commencer par un demiton non naturel, en ce cas, pour annoncer une pareille liaifon.

Cette *Cadence*, commune à deux *Tétracordes conjoints*, prouve de fon côté que chacun de ces deux *Tétracordes* peut préfenter fon *Mode* particulier, ne s'agiffant que d'en ajouter les uns aux autres tant qu'on voudra, par des quintes qui fe fuccéderont en progreffion triple, pour en former autant de *Modes* (*a*) ; mais remarquons bien que les *Cadences* communes n'ayant lieu qu'entre un *Tétracorde* & les deux qui lui font joints, il eft le maître de s'en approprier ce qui lui convient, ou de leur céder le droit qu'il a fur eux, en s'y prêtant à fon tour : les ordonnateurs de ces trois *Tétracordes* ou *Modes*, font les trois mêmes termes de la proportion triple, dont fe fert celui du milieu pour compléter le fien, ce qui répond à la *Tonique* dont le *Mode* a, pour adjoints ou rélatifs, ceux de fa quinte au-deffus, dite *dominante*, & de fa quinte au-deffous, dite *fous-dominante* : auffi font-ce-là les feuls rapports adoptés par l'oreille dans la pratique, rapports auxquels fe

(*a*) Tel eft le produit d'une feule quinte, d'un feul *Tétracorde*, du feul nombre 3 mis en progreffion, auquel Pythagore attribue la toute-puiffance fur la Mufique, & plus encore fur la Géométrie. Sur quoi a-t il pû fonder une fi jufte décifion en faveur de la Mufique, lorfque de cette même progreffion il a tiré le plus niauvais de tous les Syftêmes ? Les Chinois en propofant la même progreffion, en tirent un Syftême tout différent. Peut-on douter, après cela, qu'ils ne fe foient laiffés enchanter fur le compte d'une pareille progreffion, par des emblêmes qui les auront fait prononcer d'avance, fans en avoir deviné le vrai fens ? & quels ont été les enchanteurs, finon les Egyptiens ?

joignent cependant trois *Modes mineurs* , dont chacun eſt engendré
par le *majeur* de chaque *Tétracorde* ; mais comme ces derniers *Modes*
n'influent dans la queſtion préſente que relativement à la proportion
arithmétique renverſée de l'harmonique , on peut voir ce qu'on en
dit dans le Code, pages 199 & 200.

Deux *Tétracordes conjoints* ne peuvent conduire diatoniquement à
l'octave ſans de grandes imperfections , puiſqu'il faut néceſſairement
que les deux extrêmes de la proportion triple , ſavoir *ut* & *re* , s'y
ſuccèdent , dès que pour arriver à cette octave , il faudroit faire monter *fadièze* après la ſixième Note *mi* du Syſtême ; non-ſeulement la
ſucceſſion immédiate des deux extrêmes détruit l'ordre de la proportion : produit , dans le paſſage de l'harmonie de l'un à celle de l'autre ,
des conſonances altérées : mais il force de changer de *Mode* , & occa-
ſionne , qui pis eſt , trois tons de ſuite qui ſe refuſent à toutes les
oreilles ; nouvelle preuve encore de la néceſſité de faire débuter le
Tétracorde par un demi-ton , qu'on ne pouvoit placer dans ſon vé-
ritable lieu ſans des inconvéniens inſurmontables , ſi l'on ſe ſouvient ,
ſurtout , de ſon Excluſion , page 8. Cependant à force d'expériences ,
on a trouvé le moyen de pallier tous les défauts déjà cités dans un
même *Mode* , par celui d'une diſſonance.

Il faut remarquer d'abord que ſi le diatonique forme toûjours *Cadence* d'une Note à l'autre , ſelon le *Mode* auquel on veut l'appliquer , il n'y en aura point ici du *mi* au *fadièze* dans le *Mode* de *ſol* ,
puiſque toute *Cadence* naît de deux Corps ſonores qui ſe ſuccèdent
par quintes , & que ces deux Notes naiſſent , l'une de l'harmonie d'*ut* , &
l'autre de l'harmonie de *re* , dont la ſucceſſion eſt interdite ; mais par
le moyen de la diſſonance on réveille l'attention de l'auditeur , on
le tient en ſuſpens pour un moment , & cette ſuſpenſion ajoute au plaiſir qu'il reçoit d'entendre enſuite la *Cadence* de *fadièze* à *ſol* , où ten-
dent tous ſes deſirs , étant toûjours préoccupé de l'ordonnateur , ou
Tonique ſol , dont le *Mode* domine à ſon oreille (*a*). Auſſi la Nature
ne s'eſt-elle pas contentée de nous preſcrire deux harmonies preſqu'également parfaites , l'une dans la proportion harmonique , l'autre dans
l'Arithmétique qui en eſt renverſée , elle a prévû qu'en réuniſſant ces
deux proportions , l'on y trouveroit préciſément la diſſonance convena-
ble , non-ſeulement à ces ſortes de ſuſpenſions de *Cadence* , mais encore
aux *Cadences* communes aux *Tétracordes conjoints* ; étant à remarquer
que cette réunion des deux harmonies donne la règle de toute qua-

(*a*) Ce *fadièze* qui monte à *ſol* forme le demi-ton par où débute le *Tétracorde* : & s'il
n'eſt point naturel dans ce début , il y expoſe cependant la plus agréable de toutes les
Cadences diatoniques , lorſqu'elle arrive après que l'harmonie de la Tonique s'eſt faite une
fois entendre , ſinon en montant après la Note *mi* , ſixième Note du Syſtême ; auſſi donne-
t-on le titre de *Noteſenſible* à toute Note qui monte d'un demi-ton ſur la *Tonique*. N'eſt-
il pas bien étonnant que les Anciens aient été aſſez inſenſibles à ce qui nous eſt le plus
ſenſible , pour avoir répudié le *Tétracorde* qui l'offre d'abord à l'oreille , pour l'avoir re-
tranché , même , de preſque tous leurs *Modes* , qu'on peut nommer factices , comme le
confirment encore ceux de l'Egliſe,

crième proportionnelle ajoutée géométriquement. *Voyez* Origine des diſſonances dans le Code, page 206.

Il étoit néceſſaire de prouver, comme on en peut juger à préſent, que dès qu'on vouloit ſe mettre à l'abri de tout reproche, en propoſant un Syſtême de Muſique, dont on pût tirer les régles les plus eſſentielles de l'Art, ſans en donner la clef, on n'avoit, pour cet effet, que le *Tétracorde* : il renferme en lui ſeul toute la ſubſtance de ce qu'il y a de plus naturel & de plus parfait en Muſique : au lieu qu'on n'y peut rien ajouter, ſans qu'il ne ſe rencontre quelques imperfections, ſur leſquelles on vouloit apparemment éviter toute explication. Pour trouver cette clef, il ne falloit que s'occuper de l'harmonie, d'une ſeule quinte, dont à la vérité chacun des ſons fût reconnu pour un corps ſonore fourniſſant ſon harmonie ; mais la mélodie, le chant nous a tous ſéduits : l'harmonie y a perdu ſes droits : & la raiſon n'a pu ſe faire écouter ſur ce point, ni du Géomètre, ni même du Philoſophe, non plus que du Muſicien. Comment ſe peut-il qu'on ne ſe ſoit jamais demandé, d'où naît la préférence de certains intervalles après un premier ſon donné ? *Voyez*, page 2 de la Préface.

Au reſte, nos Prêtres de l'Egypte n'ont eu beſoin que des produits de la réſonance du corps ſonore, pour arriver à leur but : s'ils ont reconnu dans la quinte déſignée par le nombre 3, une puiſſance abſolue ſur la Muſique, ſoit par le *Tétracorde* qu'ils en ont reçu, ſoit par la progreſſion triple qu'ils en ont conçue, on doit toûjours leur ſçavoir gré d'avoir bien voulu nous en faire part : tout enveloppé qu'y paroiſſe le principe, on l'y voit pourtant, on l'y entend : il ne s'agiſſoit que d'y joindre les yeux de l'eſprit à ceux du corps, avec le ſecours de l'oreille ; peut-être auroit-on été plus loin qu'on ne l'a fait ; car tout n'eſt pas dit.

Suppoſons le corps ſonore réſonant, une corde, par exemple, placée au centre d'autres cordes, accordées dans toute la juſteſſe poſſible à l'uniſſon de ſes aliquantes & aliquotes, on les verra toutes frémir à proportion de la puiſſance de ce corps ſonore : deſorte que les parties miſes en mouvement ne trouveront de bornes que dans celles de notre vue, auſſi bien que dans le défaut de grandeur & de groſſeur proportionnées entre ces cordes : ce qui préſente inconteſtablement une idée de l'infini : il y a plus, on voit les aliquantes ſe diviſer dans les uniſſons du corps qui les fait frémir : il ſe les incorpore par conſéquent, ils ne font plus qu'un dans leur multitude ; de ſorte que ce principe prouve, par-là, qu'il contient tout, ſans pouvoir être contenu (*a*) : puis enfin il cède à ces trois conſonances uniques, l'octave, la douzième, & la dix-ſeptième déſignées par ces trois premiers nombres, 2, 3 & 5, pour ne pas dire $\frac{1}{2}$, $\frac{1}{3}$ & $\frac{1}{5}$, le droit d'or

---

(*a*) Pages 193 & 212 dans le Code : & dans la Démonſtration du principe de l'harmonie, page 21.

D

donner de toute sa génération, en leur servant toûjours d'antécédent, pour constater ce même droit dans toutes leurs opérations. Quelle image ! image vraiment animée, qui présente à l'esprit les plus grandes idées qu'on puisse se former d'un créateur ! Peut-on parler Théologie sans mettre ces principes en avant ? Ne trouve-t-on pas même quelques-uns de ces principes dans les écrits de certains Philosophes Grecs qu'on dit avoir passé en Egypte ?

Quant à la Géométrie, on croiroit volontiers que M. Rameau auroit deviné la conduite de nos Prêtres en question, lorsqu'il dit dans son Code, page 214 : *Ici la Nature se rend Géomètre pour nous apprendre à le devenir* : ce qui suit peut s'appliquer aux épines qu'on y a semées en renversant toutes les Loix de la Nature : *Et si l'on a pu se passer d'un si puissant secours, rendons-en grace à cet instinct, à ce sentiment vif & profond, mais confus & ténébreux, par lequel on est conduit à des vérités dont on n'est pas en état de se rendre compte, & dont la connoissance ne nous parvient qu'à force de tâtonnemens & d'expériences.* Les milliers de siécles qui se sont écoulés avant que d'être parvenu aux connoissances dont jouit à présent le Géomètre, prouvent assez cette dernière définition de notre instinct : il n'y a pas même long-tems qu'on s'est apperçu que les sciences étoient fondées sur les proportions (*a*) : cependant à peine le corps sonore résonne qu'on les y voit & les entend. Voudroit-on que des hommes qui ne cherchoient qu'à s'éclairer, qui n'avoient, à proprement parler, que ce moyen pour s'instruire dans toutes les parties dont on les regarde comme les inventeurs, n'eussent pas eu des yeux & des oreilles, aussi bien que le P. Mersennes, aussi bien que M. Rameau, dans un cas surtout où l'on n'a pas besoin d'une grande expérience ? Si ce qui paroît sortir de leurs mains ne peut avoir une autre source, accusons-les seulement d'avoir mis tout en usage pour la dérober à nos yeux.

Pourquoi proposer un systême diatonique, sans en déclarer le fondement ? Pourquoi ne proposer que le produit, & taire son principe (*b*) ? Pourquoi faire commencer ce systême par un demi-ton en montant qui révolte, sans en dire la raison, lorsque la nécessité s'en découvre, comme on doit s'en souvenir, dans plusieurs cas très-importans ? Pourquoi n'avoir pas dit, du moins, que ce systême, quoiqu'il ne fût composé que de quatre Sons ou Notes, renfermoit tout ce qu'il y a de plus naturel, & par conséquent de plus parfait dans le Chant ? Pourquoi parler d'une progression triple (*c*), dans un cas où il ne s'agit encore que d'une seule quinte ? Les Chinois & Py-

---

(*a*) Si dans certains cas particuliers on a besoin de quelques rapports indépendans des proportions, ce sont de petites exceptions, qui ne peuvent donner atteinte au principe général.

(*b*) Le goût naturel pour le Chant, où nous ne pouvons exprimer des sons que l'un après l'autre, n'a que trop fait prévoir qu'on se laisseroit gagner par un pareil systême.

(*c*) Cette progression ne peut avoir été qu'annoncée aux Chinois & à Pythagore, sans autre explication, puisqu'ils n'en ont fait qu'un assez mauvais usage, chacun à sa maniére.

thagore l'auroient-ils imaginée d'eux-mêmes, cette progreſſion ? &
quel fruit en ont-ils tiré ? de mauvais ſyſtêmes. Seroit-ce ſur ce principe que les Chinois auroient fondé tout ce qu'ils font dépendre de
la Muſique, juſqu'à la Morale, juſqu'aux cérémonies domeſtiques, en
quoi les Grecs, même, les ont ſuivis d'aſſez près ? Ils ſe ſont éga-
rés par de fauſſes conjectures. On ne s'eſt pas ſeulement contenté de
leur déguiſer la vérité dans cette partie par des apparences trompeu-
ſes : c'eſt ſur-tout dans les règles de Géométrie que la ſéduction ſe
manifeſte encore plus évidemment.

On commence par renverſer tout l'ordre de la Nature : on ne laiſſe
entrevoir que quelques branches de l'arbre au lieu de ſa racine, qu'il
falloit déterrer avant toute choſe : on propoſe la grandeur pour objet
de la Géométrie, où pour lors la plus grande grandeur tient lieu de cette
racine, qu'on y perd de vue (a). Pour la découvrir on eſt forcé de
s'attacher d'abord au ſommet de l'arbre, je veux dire, aux branches
dont il a fallu démêler tous les rapports, avant que de deſcendre au
tronc qui les diſtribue. Quel bonheur pour le Géomètre d'avoir trouvé
dans ce tronc le diſpenſateur des Loix, dont ſa racine s'en eſt repoſée
ſur lui ? On l'avoit prévu, ſans doute, d'autant que la proportion
géométrique, $1\,\frac{1}{2}\,\frac{1}{4}$, déguiſée ici ſous l'idée du tronc de l'arbre, produit les mêmes rapports dans ſon renverſement, 1, 2, 4, ou 4, 2, 1 :
il a donc fallu, en conſéquence, renverſer auſſi la proportion harmonique, $1\,\frac{1}{3}\,\frac{1}{5}$, en celle de l'arithmétique, 1, 3, 5, ou 5, 3, 1,
quoique la différence en ſoit grande. Tout ce que j'y remarque ſeulement, c'eſt que ces deux proportions ont, chacune, leur genre particulier en Muſique, & que l'effet en eſt preſqu'également agréable : pendant que l'arithmétique donnée ſous le titre d'harmonique en géométrie, n'y a preſque point de droits : je ne crois pas même qu'il ſoit
queſtion de leur renverſement dans aucun des élémens de cette ſcience.

En ſuivant la même comparaiſon, l'on peut dire qu'à peine les yeux
ſont ouverts en Muſique, qu'on apperçoit, dans les entrailles de la ter-
re, une racine ſonore : on la voit, on l'entend, je ne ſaurois trop le
répéter : & dans le moment qu'elle réſonne, on en voit naître le tronc
de l'arbre (c'eſt la proportion géométrique) qui de ſon côté produit
une infinité de branches (ce ſont les progreſſions qui s'en ſuivent) dont
l'oreille diſtingue les plus parfaits rapports des moins parfaits, & dont
la raiſon s'éclaire à la faveur des nombres engendrés en même tems ;
le tout dans l'ordre où nous concevons plus ou moins facilement ces
rapports : puis enfin, au-deſſus de chaque branche s'élèvent des rameaux
(c'eſt la proportion harmonique) d'où naiſſent les fleurs & les fruits. On

(a) Peut-on ſavoir quelle puiſſance une grandeur a ſur une autre : donne-t-elle la
moindre idée de proportion ? A combien de tâtonnemens n'a-t-il pas fallu avoir recours
pour découvrir les plus parfaits rapports, & pour inventer des termes propres à l'emploi
qu'on en vouloit faire ? Il s'agit de l'analyſe ; mais lorſque dans la Synthèſe on ajoute
point ſur point pour former une ligne, c'eſt ajouter principe ſur principe : puiſque le point
y repréſente l'unité, principe de tout.

les voit même naître de bonne heure, ces fleurs & ces fruits, dans le triangle numérique rectangle de Pythagore, dont j'ai parlé dans la Préface, page 3 : l'harmonie en est la fleur, & le triangle le fruit.

Qu'on examine tous les Élémens de Géométrie, on y trouvera la plus fidelle copie des principes, que présente une image toûjours animée par la résonance du corps sonore. N'est-ce pas des conséquences tirées des proportions que naissent les principes géométriques ? Et n'est-ce pas pour cette raison qu'on dit que toutes les sciences sont fondées sur les proportions ? Où les voit-on, où les entend-on, pour ainsi dire, vivantes, ailleurs que dans le corps sonore ? Ici seulement se donnent la main les deux sens par lesquels on puisse juger sainement des effets, & cela mérite bien qu'on y pense : d'un autre côté, ne dit-on pas que toutes les sciences se donnent la main ? Pourquoi donc en excepteroit-on la Musique (comme quelques-uns le prétendent) lorsqu'on l'y voit dominer ?

La plus grande preuve (sans perdre les autres de vue) que le *Tétra-corde* ne peut être dû qu'à la résonance du corps sonore, c'est que si l'on ne s'y fût attaché qu'à la Mélodie, qu'au diatonique de la Gamme, on y auroit non-seulement monté d'abord d'un ton, on auroit, tout au moins, porté ce *Tétracorde* jusqu'à la quinte, qui s'empare la première de l'oreille de quiconque n'a point encore écouté de Musique, & l'on ne s'y feroit guères mis en peine du *fa*, dont on s'est vû forcé de se départir, comme étant principe d'*ut*, qu'on vouloit établir lui-même, pour principe. Dans quelque tems que ce soit, l'homme une fois sensible au diatonique, se trouve forcé, comme malgré lui, de chanter de suite *ut, re, mi, fa*, d'entonner le demi-ton *mi fa*, après les deux tons d'*ut* à *re*, & de *re* à *mi*, sans pouvoir continuer ces deux tons par un troisiéme, au lieu duquel le demi-ton s'offre à l'oreille, quelque volonté qu'on eût du contraire. Tel est le lieu forcé du demi-ton, mais jamais dans le début en montant : *ut, re, mi, fa*, ou *sol, la, si, ut*, c'est tout un : la différence des noms n'en met aucune ici dans les intervalles, non plus que dans les rapports. Quelle autre raison auroit donc pu engager à se roidir contre un ordre naturellement inspiré, pour lui en substituer un qui répugne à toutes les oreilles : lorsque cependant il présente le plus parfait système de Musique qu'on puisse imaginer, exempt des imperfections qu'y introduit l'addition, à laquelle la Nature même semble nous inviter ? Quelle autre raison, dis-je, auroit pû faire prendre ce parti, si ce n'eût été d'y voir dominer cette raison par un principe qui pût l'éclairer avec certitude ?

F I N.

CONTROVERSE.

Pendant l'impreſſion de cet ouvrage, la nouvelle Edition des Elémens de Muſique de M. d'Alembert m'eſt tombée entre les mains, je l'ai promptement parcourue, & il m'a ſemblé que ce célébre Géomètre ajoutoit encore de nouvelles erreurs à celles qu'il avoit avancées dans l'Encyclopédie, ſans doute pour leur donner plus de poids ; on le verra, d'ailleurs, s'étendre beaucoup ſur la pratique, où non ſeulement il ſe contredit, mais encore il ſe trompe, ſans penſer que les perſonnes qui ne ſont point au fait peuvent aiſément ſe tromper avec lui ; car je ne crois pas qu'il l'ait fait exprès ; ce qui ne donne pas une grande idée de cette ſimplicité, de cette netteté, auxquelles il compte avoir réduit les principes de M. Rameau dans cette partie ; mais avant que d'y deſcendre, examinons d'abord ſon diſcours préliminaire, dont je marquerai les pages avec les mêmes chiffres romains à chaque article que j'en citerai.

DISCOURS PRÉLIMINAIRE.

Page v. On ignore le premier Inventeur de l'Art harmonique, par la même raiſon qu'on ignore le premier de chaque ſcience. Quelle eſt donc l'idée qu'on ſe fait ici des Egyptiens, qui paſſent, dans toutes les Hiſtoires, pour les premiers Inventeurs de la Géométrie ? II. *Mais il nous reſte beaucoup d'incertitude ſur le degré de perfection où ils* (ce ſont les Grecs) *l'avoient portée* (parlant de Muſique). On ſait du moins qu'ils n'ont eu que la Mélodie pour objet, non plus que nous juſqu'à M. Rameau : la preuve en eſt dans tous les ſyſtêmes de Muſique : on ſait, d'ailleurs, que tous les principes d'harmonie, donnés juſques-là, n'avoient que cette mélodie pour fondement. *Preſque toutes les queſtions propoſées ſur la Muſique ancienne ont partagé les Savans.* Eh ! que pouvoient conclure des Savans, des Philoſophes, des Géomètres, d'une ſcience à laquelle ils ne pouvoient rien comprendre ? On voit bien à préſent que c'eſt à tort qu'on a cru pouvoir faire quelques progrès dans cette ſcience à force de tâtonnemens ſur des rapports iſolés, tels que ceux qu'on peut obtenir de la Mélodie. Si la Géométrie s'eſt ouverte une grande carriere par de pareils moyens, dont l'origine a toûjours été ignorée : jamais la ſcience de la Muſique ne nous ſeroit parvenue ſans le ſecours de cette origine, qu'il falloit abſolument découvrir. M. d'Alembert a beau vouloir nier un pareil principe, il ne peut s'empêcher de le rappeller de tems en

temps malgré lui : il eſt vrai qu'il le préſente maintenant ſous une
couleur qui détruit ſon propre aveu par ſa ſignature , lorſqu'il dit ,
p. vij. *Il a trouvé ,* (parlant de M. Rameau) *dans la réſonance du
corps ſonore l'origine la plus vraiſemblable de l'harmonie.* xij. *Nous
avons.. banni.. toutes conſidérations ſur les proportions.... tout-à-fait
illuſoires.* XIII. *Il ne faut point chercher ici cette évidence frappante qui
eſt le propre des ſeuls Ouvrages de Géométrie.* Si ce qu'il y a d'évident
& de frappant en Géométrie conſiſte à donner connoiſſance , par le
moyen de certains rapports , des parties qui compoſent un objet , la
Muſique y a certainement cela de commun : ſi ces rapports ne ſont que
le réſultat des progreſſions produites par les proportions , où l'évidence de ces proportions , où l'origine la plus conſtante de l'harmonie
ſont-elles auſſi frappantes que dans le corps ſonore , qui fait réſonner
en même temps & les proportions & l'harmonie , & par conſéquent
les rapports qui les compoſent (*a*). Exiſte-t-il un autre objet dans la
nature qui préſente ſeulement l'ombre d'un pareil prodige ? Dire après
cela , p. xv. *On ne doit peut-être pas ſe hâter encore d'affirmer que
cette réſonance eſt démonſtrativement le principe unique de l'harmonie.*
Quel faux-fuyant pour jetter de l'incertitude ? La Note (*b*) de la page
xvi eſt un biais peu propre à perſuader ; y auroit-il des façons de s'exprimer dans les extraits des Académies , pour en conclure différemment
ſelon les circonſtances. Cependant M. d'Alembert qui a fait retranche
de la Préface de la démonſtration dont il s'agit dans cette Note (*b*)
que le principe de l'harmonie paroiſſoit devoir l'être auſſi de toute
les Sciences , n'auroit pas manqué de faire changer un titre d'après
lequel il a ſigné l'extrait , conjointement avec MM. de Mairan & Ni-
cole : on doit s'appercevoir aſſez par là des intentions qui ſont parle
de la ſorte. P. XVIII. *La gloire du ſavant Artiſte n'a rien à craindre*
&c. laiſſant à préſumer , pourvu qu'il ne la porte pas juſqu'à prétendre
avoir découvert le principe de l'harmonie ; mais ce ſoin de l'Auteur
à ne comprendre , dans tout ſon préambule , que la Muſique ,
donneroit-il pas à ſoupçonner qu'il craint que ſi M. Rameau venoit
l'emporter dans cette ſcience , il n'en tirât droit pour toutes les autres ? A la p. xxii , on parle de vibrations , d'hypothèſes qui ne ſervent qu'à éloigner du but. Tel eſt effectivement le vrai but de ce discours : on n'y trouve que raiſonnemens vagues , ſuppoſitions , doute
propoſitions & queſtions frivoles , déciſions ſans fondement , conſeil
même des ordres , en diſant , p. xxx. *En qualité de Géométre ,* (qualité qui cependant eſt bien plutôt due aux Inventeurs des régles , qu

---

(*a*) Repréſentons-nous encore toutes les différentes combinaiſons de ces mêmes ra-
ports , auxquelles l'identité des octaves nous invite , ſans parler de la tranſpoſition d
dre entre les tierces qui compoſent la quinte , d'où naît le renverſement de la proportion harmonique en arithmétique , ſans que cette quinte , qui conſtitue l'harmonie
& la plus naturelle mélodie , en ſoit altérée.

celui qui ne fait que les fuivre (*a*). *Je crois avoir quelque droit de protefter ici contre cet abus ridicule de la Géométrie dans la Mufique.* Cela eft fort & rappelle affez la crainte que je viens de faire remarquer, mais tout n'eft pas dit. *Je le puis avec d'autant plus de raifon, qu'en cette matiere les fondemens des calculs font hypothétiques.* Ce feroit bien plutôt les fondemens des calculs des autres Sciences, puifqu'on ne les doit qu'à l'œil, qui peut nous tromper : au lieu que ces fondemens confiftent ici dans cinq objets différens qui n'en font qu'un à l'oreille, comme aux yeux, comme au taĉt. On prend pour prétexte d'une fi heureufe conclufion, xxxj. *Car l'expérienee donne-t-elle autre chofe que des à-peu-près ?* C'eft adroitement furprendre le Leĉteur qui ne s'en rapporte qu'à fes yeux, mais quand le *fuperbiffimum auris judicium* n'auroit pas été prononcé dans tous les temps, comment pouvoir ne pas reconnoître la plus parfaite de toutes les analogies entre les rapports réciproques de cinq fons où l'on croit n'en entendre qu'un, où l'on ne voit qu'un feul objet dans lequel ils font tous contenus. (*b*) Aucun rapport vifible peut-il donner une pareille certitude fans le mefurer, même après l'avoir mefuré ? fur quoi fe fonde la fpéculation du

(*a*) D'où tient-on, par exemple, les proportions à trois termes, dites continues, celles à quatre, & les quatrièmes proportionnelles ? Si l'on ignore les inventeurs de chaque fcience, comme on le dit à la page v. de ce Difcours, on en doit ignorer encore plus les inventeurs des régles, & ce ne peut être qu'après avoir vu, par la fucceffion des tems, que tels rapports réunis produifoient fouvent le même effet, qu'on en aura établi des régles en conféquence ; mais eft-il bien certain qu'il y ait des proportions à quatre termes ? Ne feroit-ce pas plûtôt d'une quatrième proportionnelle que cette proportion auroit été déduite, d'autant plus que le premier terme engendré par l'unité, fuffit pour décider de toutes les proportions, dont il devient le moyen, puifqu'on peut toûjours y ajoûter un quatrième terme dans le même genre, dont la poffibilité eft indiquée, en Mufique, par la réunion de la proportion harmonique avec l'Arithmétique qui en eft renverfée, réunion qui donne naturellement la régle de toute quatrième proportionnelle ajoûtée géométriquement : fauf à en tirer celle qui regarde la fimple addition arithmétique. De chaque proportion primitive naiffent les progreffions : dé-là vient qu'on donne le titre de progreffion à la continue, où le quatrième terme peut, à la vérité, être auffi bien regardé comme commençant une progreffion, que comme une quatrième proportionnelle, & d'où je conçois qu'on pourroit auffi donner aux quatre termes le titre de proportion, fans tirer à conféquence, & c'eft précifément en harmonie que la diffonance eft dans ce cas. *Voyez* la page 207 du Code de Mufique.

(*b*) Si l'on ne peut juger des rapports qu'après avoir mefuré les parties qui les forment, nous avons entre les mains plufieurs moyens d'en faire l'expérience fur des corps fonores à l'égard des rapports harmoniques ; mais où font les moyens propres à mefurer les objets vifibles, toûjours pris dans le fein de la Nature ? A combien de counoiffances ne faut-il pas avoir recours, avant que de pouvoir fabriquer des inftrumens dont on puiffe s'aider à cet effet ? Qui plus eft, l'oreille nous affure d'avance de la perfeĉtion & de la grande jufteffe des rapports ; il ne s'agit plus que de trouver les nombres qui les indiquent ; nombres qu'on voit & qu'on touche dans les divifions des cordes mêmes ; au lieu que tous les rapports vifibles ne préfentent aucune idée de leur parfaite jufteffe : encore pourroit-on dire que fans la certitude donnée par ces divifions, que tels nombres marquent un tel rapport, on feroit toûjours dans le cas de craindre que l'œil n'y eût trompé, comme cela peut bien arriver quelquefois.

Géomètre , fi ce n'eft fur les idées que font naître en lui les différens effets qu'il éprouve dans la nature ? Cela fuffit , à ce que je crois , pour répondre à cette queftion page xxv. *On conçoit fans peine comment l'œil juge des rapports ; mais comment l'oreille en juge-t-elle ?* On concevra fans peine , par-là , que c'eft un Géomètre qui parle , qui n'a par conféquent que des yeux , quoiqu'il veuille avoir des oreilles. Il a grande raifon de douter , après cela , page xiv. *qu'il foit poffible de porter* (fur la Mufique) *une lumiere plus grande ;* à quoi j'ajouterai , que celle dont il prétend nous éclairer. Jufqu'où ne porte-t-il pas la fuppofition , en difant , page XVII, *l'harmonie a peut-être quelqu'autre principe inconnu.* Sans doute , c'eft la nature (*a*) , pour ne pas dire fon Créateur : & je ne crois pas qu'aucun Encyclopédifte ofe m'en dédire : je ne crois pas , non plus , que cela demande une plus ample explication. VII. *Quoique ces différentes chofes foient contenues , &c. Les Muficiens non Philofophes , & les Philofophes non Muficiens défiroient depuis long-temps qu'on les mît plus à leur portée. Tel eft l'objet du traité que je préfente.* Cet objet fera-t-il mieux rempli de la part de ce favant Géomètre que dans le Code de Mufique auquel il renvoye à la p. xxxiv ? Il eft vrai qu'à la Note (*f*) , il dit , *J'excepte de ce Code les Réflexions fur le principe fonore... & dont je ne confeille la lecture à perfonne.* Sont-elles effectivement mauvaifes , croit-il en avoir détruit les fondemens , en foutenant ici les erreurs qu'il a gliffées dans fon Encyclopédie , & qu'il compte , fans doute , devoir être adoptées fur fon rare mérite ? Ces réflexions lui tiennent bien à cœur , ne les craindroit-il pas plûtôt ? & comment s'eft-il contenté du confeil , lorfque le defpotifme lui eft fi familier ?

Laiffons-là les Elémens & paffons à la réponfe adreffée à M. Rameau : réponfe qu'on fuppofe avoir été mandiée , en difant à la fin , p. 231. *Je me flatte , Monfieur , d'avoir fuffifamment fatisfait à vos critiques , au moins à celles que j'ai comprifes ,* puis après quelques complimens , où la plume a fouvent feule toute la part , *Je crois par-là m'être acquis le droit de garder déformais le filence :* c'eft un droit dont on auroit mieux fait de profiter dès le premier mot de Mufique dans l'Encyclopédie. Quant à ce qu'on laiffe entendre n'avoir pas compris , feroit-ce mépris , ou défaut de conception ? Il faut apparemment que les Lettres de M. Rameau , inférées dans les Mercures de Juin & du fecond Vol. de Juillet 1761 , contiennent bien des chofes qu'on n'ait pu , ou qu'on n'ait pas voulu comprendre ; finon il auroit fallu refondre tout l'ouvrage.

RÉPONSE , &c.

Page 211. On prend droit ici fur une Lettre ; mais des compli-

_____

(*a*) C'eft ainfi qu'on l'a décidé dans l'extrait de la Démonftration du Principe de l'harmonie.

mens qu'exige la reconnoiſſance ne ſont pas toujours des preuves bien légitimes de tout ce qu'ils renferment. Un Muſicien ne devoit-il pas ſe croire bien honoré de voir ſon nom à la tête de l'ouvrage d'un célébre Géomètre ? Je ſerois fort tenté de croire que M. Rameau s'en eſt tenu au titre : ce que n'a pas fait M. Bétiſi dans une critique, dont apparemment M. d'Alembert ſe ſouvient : auſſi crainte de ré- cidive, n'a-t-il pas manqué de renvoyer au Livre de cet habile Mu- ſicien en même-temps qu'au Code p. xxxiv. du Diſcours. Ne devroit- on pas être, à la vérité, ſurpris de voir un auſſi grand homme dans l'obligation de ſe défendre, s'il n'étoit pas, lui-même, l'aggreſſeur dans l'article FONDAMENTAL de l'Encyclopédie, où il renvoye à la page 226. Comment oſe t-il rappeller ici les égaremens où il eſt tombé dans cet article, ſous le prétexte ſpécieux de propoſer, &c. & d'ex- horter les Muſiciens ; &c. encore? Il croit donc les Muſiciens ſans oreille, ſans jugement? Avec la propoſition la plus abſurde en Mu- ſique, on ſe trompe pour la ſoutenir, & l'on trompe les autres, en comparant un accord contenu dans l'étendue de l'octave avec un au- tre qui en paſſe les bornes : l'octave eſt-elle effectivement la borne de tous les intervalles harmoniques, ou ne l'eſt-elle pas? Son iden- tité avouée par la même perſonne qui l'oublie dans ce moment, prouve aſſez qu'il n'y a, au delà de cette octave, que ce qui s'y trouve déja renfermé : ſi bien qu'un accord ne peut y être tout au plus, compoſé que de quatre Notes, formant entr'elles trois tierces ; que devient donc, en ce cas, la cinquiéme note formant une quatriéme tierce, comme on le propoſe à la même page 226. dans cet ordre, ut, mi, ſol dieze, ſi, re ? Elle y eſt certainement de trop, & c'eſt l'ut, lui-même, auquel cas il n'y a plus de quinte ſuperflue : c'eſt une raiſon qui a pû échapper à M. Rameau, & j'eſpere qu'il ne me ſaura pas mauvais gré de me la voir ajouter aux ſiennes ſur le même ſujet : il paroît ne chercher que la vérité, & s'il s'y eſt trompé plus d'une fois, il s'en eſt enfin rapproché, tellement que j'ai cru pouvoir prendre ici ſon parti, en repréſentant que loin de lui faire un crime d'avoir changé quelquefois de ſentiment d'un ouvrage à l'autre, comme on le lui reproche en pluſieurs endroits, on devoit conſidérer qu'il en dit, lui-même, la raiſon dans les Mercures où j'ai déjà renvoyé ; raiſon dont on n'a garde de profiter. Faut-il en- core répéter que l'ut en queſtion eſt ſurnuméraire, qu'on l'admet ſim- plement au-deſſous de la baſſe fondamentale dans une baſſe continue, non-ſeulement pour l'agrément du Chant, mais tantôt pour déguiſer le fond d'harmonie, tantôt pour le ſuſpendre : ce qui rémédie aux monotonies, & redouble le plaiſir de l'Auditeur, quand il entend enſuite ce qu'il déſiroit d'abord (a). Concluons de-là qu'il ne faut plus mettre en compte, dans l'harmonie, toute diſſonance qui ne naît

(a) Pages 56 & 57 du Code, & 7. de la Lettre qui le termine Puis encore à l'Article ACCORD, p. 92 des Erreurs ſur la Muſique dans l'Encyclopédie.

E

pas de l'une des combinaisons possibles entre les tierces dans les bornes de l'octave : si bien qu'il ne s'y trouve que la fausse quinte , & la septième diminuée , dont la quarte & la seconde superflues sont renverfées : tout autre intervalle superflu comme quinte, sixte, septième , même octave , n'arrive en harmonie que relativement a une Note qui n'y a nulle part : il est juste d'en instruire & d'enseigner le cas où ces intervalles ont lieu ; mais quant au fond ce ne sont partout que des consonances, formant toujours la tierce majeure de la seule dominante tonique , & en même-temps cette *Note sensible* effectivement très-sensible à quiconque fait usage de ses oreilles en Musique ; & quand M. Rousseau a dit que la quinte superflue ne se renversoit point, en savoit-il bien la raison ? Qu'en a pensé M. d'Alembert ? Seroit-ce-là l'un des articles (car il y en d'autres encore de la même trempe) auxquels il dit , dans les Mercures cités, qu'il répondra , *s'ils lui paroissent le mériter tant soit peu* : par exemple , qu'importe dans la pratique de savoir lequel de ces deux accords , *celui de septième, & celui de grande Sixte* , p. 224, dérive de l'autre , lors même que dans leur double emploi leur route différente dépend de la volonté du Compositeur ; mais cette proposition étoit nécessaire pour soutenir qu'il y a dix Accords fondamentaux différens, même page , lorsqu'il n'y en a que deux, le Parfait & celui de la septième , où cette dissonance de la septième, en quoi consiste toute la différence entre les deux Accords, se prépare & se sauve partout de la même façon , excepté quand elle peut devenir *grande Sixte*, qui est effectivement sa première origine ; mais dès qu'il s'agit de précision dans la crainte de rebuter par un trop long détail, on peut bien se dispenser d'une petite exception qui n'y est pas générale. L'origine du *Mode mineur*, p. 218, est sans doute encore du nombre de ces Articles. On avoit promis dans l'Encyclopédie de la discuter, il faut bien tenir parole à quelque prix que ce soit ; & pour cet effet il ne falloit pas avoir lû ce qui en est dit , toujours dans les Mercures cités. Il falloit ignorer que tout *Mode* ne peut se conserver dans sa pureté que dans les sept notes diatoniques commencées en montant par la *sensible*, dans l'ordre des *Tétracordes conjoints* : & qu'en montant de la dominante à sa tonique, de même qu'en descendant de celle-ci à l'autre, le *Mode* change toûjours , comme le prouve encore mieux le *sadièze* imaginé à la p. 219 ; si bien que le seul moyen de ne pas troubler le même *Mode* , c'est de passer la septième en descendant comme note de goût : au reste tout *Mode* doit suivre , en montant de la dominante à la tonique, la route diatonique prescrite par sa basse fondamentale, qui consiste dans trois Notes à la quinte l'une de l'autre, & si j'ose le dire, (malgré ce qu'on en veut faire croire) dans une proportion triple : route généralement inspirée dans cet ordre $\left\{ \begin{matrix} \text{sol la si ut} \\ \text{sol re sol ut} \\ 3 \quad 9 \quad 3 \quad 1 \end{matrix} \right\}$ route qui précisément occasionne, dans le *Mode mineur* , quatre tierces majeures de suite , pour qui, à la vérité, n'a que des oreilles & des yeux fans jugement ; mais comment M. d'Alembert qui s'appuye fur la Baſſe fondamentale quand bon lui ſemble, ne s'eſt-il pas apperçu que ces tierces de fuite, qu'il a reprochées à M. Rameau, & qu'il rappelle à la p. 229, étoient en partie fondamentalement des quintes, même des octaves : en voici l'exemple, quoique je n'aye point vû ces tierces ; mais comme la choſe eſt poſſible, & que le reproche retombe fur ſon auteur, il faut en donner la ſatisfaction.

$$
B.\ C. \left\{ \begin{array}{l}
\text{la ſi ut dièze re} \\
\text{6 } 9\,\substack{5} \quad\ 7 \\
\text{fa ſol} \quad\ \text{la ſi bémol}
\end{array} \right\}
$$

$$
B.\ F. \left\{ \begin{array}{l}
7\ 7 \\
\text{ré ſi mi} \quad \text{la ſi bémol}
\end{array} \right\}
$$

La deuxième tierce majeure, ſavoir, *ſi* au-deſſus de *ſol*, eſt d'abord octave, enſuite quinte, & peut l'être d'abord de la deuxième Note fondamentale ſous ce même *ſi* : quant aux deux dernières tierces, la dernière ſeroit octave fans la licence d'une cadence rompue du *la* à *ſi bémol* : cadence, qui comme l'inretrompue, ne ſera jamais ſuggérée par la Mélodie : queſtion agitée à la page 230, où l'on décide fans approfondir, ſavoir, que les bornes de nos facultés, ſoit dans la voix, ſoit dans le trop grand éloignement d'un ſon à l'autre, ſoit parce qu'on n'en peut chanter deux à la fois, nous reſtreignent à de ſimples degrés, où cependant ſe mêlent ſouvent des conſonances, dont la ſucceſſion continuelle donneroit une monotonie ennuieuſe, ſurtout aux perſonnes fans expérience, qui conſervent toûjours l'ordre du premier *Mode* dont elles ſont affectées & qui trouvent le moyen d'y alonger la phraſe par les petits degrés que leur inſpire le fond d'harmonie dont elles ne ſe doutent pas : bien qu'on doive remarquer que les cris exprimés en chantant, ſurtout dans les cas indifférens ou de joie, ſont généralement conſonans : les perſonnes dont les oreilles ſont *bornées*, ou *peu ſenſibles à l'harmonie*, n'en ont pas moins le germe en elles-mêmes, qui les rend ſenſibles aux conſonances, & bientôt après aux degrés qui conduiſent de l'un de leurs termes à l'autre. Tout paroît confuſion dans l'harmonie à ces *oreilles bornées*, d'autant qu'elles ne peuvent s'occuper d'abord que de ce qu'elles ſont capables, ſavoir, de Mélodie, ſurtout dans un entrelacement de *Modes* qui les effarouche, pour ainſi dire. Plus on écoute la Muſique, plus l'expérience rend ſenſible à ſes variétés, & l'on parvient inſenſiblement à s'y plaire de plus en plus. *La Mélodie ſuggére la Baſſe fondamentale*, il eſt vrai, & c'eſt même fans qu'on le ſache, puiſqu'elle étoit ignorée avant M. Rameau ; mais ce n'eſt qu'à proportion d'une grande expérience acquiſe après quantité d'années, comme le prouvent nos excellens Compoſiteurs qui, nourris de Muſique dès l'enfance, n'arrivent cependant qu'à l'âge de 30 ou 40 ans au ſommet du Parnaſſe. Pendant combien de temps l'ignorance n'a-t-elle pas duré, même après avoir inventé des Timbales, dont ces deux Notes, *ſol ut*, donnent la Baſſe fondamentale du *Tétracorde fi ut re mi* (*a*). Paſſe pour ce qui conſtitue l'ordre le plus parfait d'un *Mode* ; mais s'eſt il agi de lui en aſſocier un autre , & à plus forte raiſon , pluſieurs autres , toutes les oreilles ſe ſont trouvées bornées pendant longtems, même dans la Mélodie : l'expérience de M. Tartini , p. 218 , en eſt la preuve : la Baſſe fondamentale ne s'y fait entendre qu'au-deſſous de ſes conſonances , & nullement au-deſſous des degrés qui conduiſent de l'une à l'autre, comme l'a rapporté M. d'Alembert , en admettant dans cette expérience les tons , demi-tons , commas , &c. C'eſt ce qu'il ne devoit pas paſſer ſous ſilence, puiſque c'eſt ſur cet article que M. Rameau l'a repris, comme en lui faiſant encore remarquer que le ſon fondamental ne ſortoit pas de l'inſtrument, &c. p. 12 de la Lettre qui ſe trouve à la fin du Code.

Après une infinité d'Arrêts contre les nouvelles découvertes du *célèbre Artiſte*, ſans les citer cependant (précaution un peu ſuſpecte) on en gliſſe enfin aſſez adroitement la condamnation dans toute la p. 216, où ſur la citation d'une régle à la Note (*d*), on prouve que deux quantités ſuffiſent , &c. Mais c'eſt pour lors donner gain de cauſe à l'*Artiſte* ; puiſque dans ſa principale découverte, où l'unité préſide par-tout, elle n'a beſoin que d'engendrer une ſeule quantité, quelle qu'elle ſoit, pour donner toutes les proportions, toutes les progreſſions, & tous les rapports à l'infini, où à l'indéfini, comme on voudra; ſera bien habile qui trouvera le dernier : c'eſt auſſi ſur ce fondement que j'ai avancé dans ma Préface, que l'application qu'a faite Pythagore du nombre 3 à la Géométrie, pouvoit bien venir de ce qu'une progreſſion conduiſoit naturellement à la connoiſſance de toutes les progreſſions poſſibles. Qu'on imagine, en effet, tel nombre qu'on voudra pour l'aſſocier à l'unité, il deviendra dans ce moment le dénominateur, le numérateur, enfin l'ordonnateur, comme terme moyen, de toute proportion ; en le conſidérant dans ſa différence avec l'unité, il ordonnera de toute proportion harmonique, dite arithmétique en nombres entiers, & par conſéquent de toutes les progreſſions du même genre: en le conſidérant au contraire comme multiplicateur, il ordonnera de même de toute proportion géométrique, & des progreſſions en conſéquence. Quand je dis de toute proportion, c'eſt que la liberté du choix ne laiſſe aucune exception, $\frac{1}{11}$, $\frac{1}{13}$, $\frac{1}{1}$, $\frac{1}{103}$, 10000001 , n'importe, ſur-tout en proportion géométrique. Que de rapports innombrables ne naîtront-ils pas de la comparaiſon d'un terme d'une progreſſion avec celui qu'on choiſira dans la même, ou dans telle autre ? Je ne porte pas mes vûes plus loin ; cependant il y a certainement un rapport entre les incommenſurables, & quand je cite un million & un pour terme moyen, je ne ſens que trop qu'on doit s'y perdre, d'autant que ce n'eſt pas le dernier nombre premier. Qu'on ne m'oppoſe pas l'Algèbre, j'en conçois toute l'importance ? Mais la Nature n'auroit-elle pas pourvu à

(*a*) Ce *Tétracorde* a pu ſuggérer ſa Baſſe ; mais a-t-il jamais pu être ſuggéré, puiſque la route qu'y obſerve cette Baſſe eſt oppoſée à celle que dicte le principe dans le moment qu'il réſonne.

tout , peut on croire qu'elle se soit oubliée dans les moindres circonstances ? La progression triple ne donne-t-elle pas un tempérament suffisant en Musique avec une égale altération entre chacun de ses termes (a) ? Quelle que soit la quantité comparée à l'unité, ne fait-elle pas un nombre ? & ce nombre ne peut-il pas, dès-lors, devenir terme-moyen de sa proportion ? Preuve bien évidente de la nécessité de se contenter des à-peu-près, dès que dans la pratique on franchit les bornes des premières loix qu'impose la Nature. Voyez s'il se trouve la moindre altération dans le *Tétracorde si, ut, ré, mi*, non plus que dans l'harmonie de sa basse fondamentale. Voyez encore si lorsqu'en suivant l'ordre de la proportion triple qui engendre les deux *Tétracordes conjoints*, il s'y trouve aucune des imperfections qui naîtroient du désordre de cette proportion ? Mais dès qu'on ne veut pas se contenter du *Mode* qui en est donné, pas même des 3 *Modes* qui sont les seuls naturellement rélatifs, on ne le peut sans s'y écarter de l'ordre prescrit par la même proportion (*b*). On veut y en joindre encore d'autres à la faveur des intervalles inapprétiables, ou presqu'inapprétiables à l'oreille, que représente la proportion quintuple, & comment cela se peut-il sans qu'il n'en résulte des à peu-près ? Admirons donc en cela la Nature, qui fournit un moyen de se contenter de ces à-peu-près dans la progression même de la proportion sur laquelle elle a établi ses premières loix. De pareilles loix, qu'on ne franchit que par l'excès où l'on sent pouvoir porter les choses, doivent donner à réfléchir ; savoir, si l'expérience le a fait observer en Géométrie, où s'il n'y auroit pas moyen d'en profiter ? Voyez de plus l'attention de cette souveraine en nous donnant , par la dissonance formée de la réunion de la proportion harmonique avec l'arithmétique sa renversée (c), le moyen d'entrelacer les *Modes* les moins rélatifs, où se rencontrent tant d'à-peu-près. Ne nous roidissons donc plus contre de si belles loix ; les hommes peuvent-ils être écoutés à côté d'un phénomène unique qui parle aux oreilles, se montre aux yeux, & se fait toucher au doigt. A quelque degré qu'ait été portée l'expérience, quels que soient les raisonnemens qu'on employe pour soutenir ses opinions , tout cela doit s'évanouir dès que la Nature parle.

Rappellons-nous cette proportion géométrique découverte par M. Rameau dans la résonance du corps sonore : l'évidence frappante & surprenante en même temps , avec laquelle cette proportion se distingue de l'harmonique : chacune ne contenant que trois termes, fixés par les bornes de cette résonance pour nos oreilles : les prérogatives des trois proportions géométriques qui s'en déduisent, la Double, la Tri-

(*a*) Chap. VII. de la Génération harmonique. p. 75.

(*b*) On s'étend un peu sur ce sujet dans la page **xxv.** du Discours , où l'on décide des altérations sur de simples habitudes que le temps a consacrées parmi quelques Musiciens, dont l'opinion quadre avec celles qu'on veut faire valoir.

(*c*) Page 22. de l'Origine des Sciences : ou plutôt dans les nouvelles Réflexions à la suite du Code de Musique, p. 206. & les suivantes.

ple , & la Quintuple, dont le plus de perfection suit l'ordre de leur génération : enfin l'origine de la diffonance , attribuée, dans l'Encyclopédie même , à l'Art ; bien loin d'applaudir à de pareilles découvertes ,
on ne confeille à perfonne de lire les nouvelles réflèxions, où le tout
eft clairement expliqué , pendant qu'on s'exhale en louanges fur la
pratique du *célébre Artiſte :* non qu'on ne veuille bien cependant lui
accorder quelques graces dans fa théorie , avec ce ton defpotique : *Je
n'empécherai pas &c. mais à condition &c.* toujours à la p. 216.

M. d'Alembert n'annonce partout que la partie qui tourne à fon
avantage dans les chofes qu'il veut perfuader : perfuadé , lui-même ,
qu'on l'en croira fur fa parole , comme il l'a déja décidé, lorfqu'il dit ,
p. xxx. du Difcours , *en qualité de Géomètre &c. Je le puis avec d'autant plus de raifon* &c. Mais ce Géomètre ignore encore le principe
de fes régles. Peut-on décider fur de fimples conféquences ? Il voit
qu'aucun Géomètre n'a pu pénétrer dans la faine théorie de la Mufique , parce qu'on n'y a pris encore pour guide qu'une conféquence ,
favoir, la mélodie : quel triomphe prétend-il donc remporter avec
cette mélodie qu'il met toujours en avant ? Compte-t-il fur l'ignorance
du plus grand nombre qui n'a des oreilles que pour cela ? S'il tire
d'ailleurs avantage d'avoir fimplifié la théorie de la Mufique , pour en
enfeigner la pratique : M. Rameau n'en parle nullement dans fon Code,
& ne l'expofe dans fes nouvelles réflèxions que pour rendre un compte
exact des produits de la réfonance du corps fonore, dont on a profité
dans toutes les Sciences : dit-il feulement qu'on doit reconnoître une
progreffion triple dans l'enchaînement des dominantes ?

Je paffe fous filence les inductions qu'ont pu tirer les Egyptiens du
Phénomène en queftion pour leur Théologie, auffi bien que le Phyfi-
que & le Métaphyfique qui peuvent s'en déduire : peut-être qu'un jour
on en faura tirer d'heureufes conféquences.

Trop occupé des raifons de M. Rameau fur l'origine du *Mode mineur*
dont on ne rapporte à la p. 218 , que ce qu'on en veut faire entendre , quelle a été ma furprife en relifant cette même page , d'y trouver une erreur , dont on fe fait un bouclier , & dont cependant je ne
m'étois pas d'abord apperçu. *Je ne fçais ce que c'eſt* (dit-on) *qu'un principe qui s'en repofe fur fes premiers produits , qui donne à* ⅓ (*c'eſt la
quinte*) *les premiers droits en harmonie , de forte que ce* ⅓ (*cette même
quinte*) *fe rend l'arbitre de la différence des deux genres.* Conclufion
forgée de plein gré, & qu'il ne falloit pas préfenter en Italique , puifqu'il n'y en a pas un mot à la p. 8 de la Lettre à laquelle on répond ,
& qui termine le Code de Mufique : on y lit tout de fuite , au lieu de
la conclufion : *c'eſt avec lui* (avec ce ⅓,) *qu'il conſtitue dabord fon harmonie fous le titre de quinte, n'établiffant enfuite fon* ⅓ *que pour divifer
cette quinte en deux tierces, dont le changement d'ordre fuffit pour fonder
deux genres en harmonie & en mélodie, le majeur & le mineur.*

On ne peut pas dire qu'il y ait faute d'impreffion dans la conclufion,
puifqu'il y a précifément ce ⅓, où le mot *ce* confirme qu'on y a toujours

le ⅞ en vue; mais comment les yeux ont-ils pu tout d'un coup se fer-
mer sur les phrases qui suivent le mot *harmonie* de la premiere citation,
& qui n'en sont séparées que par deux points : du moins attend-on le
point pour s'arrêter.

M. d'Alembert veut bien dire qu'il *ne comprend rien* &c. qu'il *ne sçait
ce que c'est* &c : il voit cependant très - bien que ce n'est point le
principe qui agit directement, & que ce n'est plus que par sa médiation
que tout s'exécute à la faveur de ses produits. Sans l'octave, l'harmonie auroit-elle des bornes? N'ordonne-t-elle pas, elle seule, de tous les
renversemens? Sans la quinte y auroit-il de l'harmonie, & sans deux
corps sonores à la quinte l'un de l'autre, y auroit-il de la mélodie? Enfin sans la tierce, non seulement l'harmonie perdroit l'une de ses plus
belles fleurs, mais encore il n'y auroit plus, ni proportion harmonique,
ni proportion arithmétique, ni *Mode*, ni mélodie.

Les premiers produits n'ont pas plutôt reçu du générateur leur qualité, ou quantité, que c'est par cette même qualité qu'ils exercent toutes leurs puissances sur le reste de la génération : on sçait ce qu'en ont
pensé les Chinois, Pythagore, & sans doute les Egyptiens, comme les
premiers en date; mais ce qu'il y a de plus merveilleux dans tout ceci,
c'est que le principe borne tous ses agens à sa cinquième partie pour
nos oreilles, tant dans la résonance du corps sonore, que dans la pratique de l'Art : subordination qu'on ne peut trop admirer, & sur laquelle
M. Rameau ne m'a cependant pas prévenu, à ce que je crois, quoique
très-simple, puisque d'une proportion quintuple naît le plus petit intervalle qu'on puisse pratiquer, savoir, *le quart de ton*. Ce n'est pas
tout, aux risques de répéter trop souvent une même chose : ce principe donne à ses agens un pouvoir qu'il se refuse à lui-même ; car si lorsqu'il force ses multiples à se diviser en ses unissons, il s'interdit tout
antécédent, il veut bien en servir, lui-même, à ses produits, pour
qu'en les rendant termes moyens de proportions, & modéles de toutes
les proportions imaginables, ils puissent ordonner des progressions de
tout côté. Y auroit-il, sans ce secours, une synthèse dans la Géométrie, où l'unité principe passe continuellement de multiples en multiples? Et lorsque dans l'Analyse les grandeurs n'ont aucun droit les
unes sur les autres : ici tout part de l'unité, observant encore dans
sa filiation (ce qui est bien digne de remarque) un droit d'aînesse qui
se reconnoît par la perfection dont ⅓ surpasse ⅖ & celui-ci ⅗. Tous les premiers principes de la Musique, de l'Arithmétique & de la Géométrie, pour
ne rien dire de plus, ne se trouvent-ils pas ici réunis dans un objet unique, dans un seul corps sonore en un mot? Voyez du moins, sur le
Sujet présent, les cinq premiers Articles des nouvelles réflexions, dont
cependant on *ne conseille la lecture à personne*, p. xxxiv. du Discours.
Voyez de plus les p. 7. 8. 9. 10. 11. de l'Origine des Sciences.

Quand à la suite de la premiere citation on dit, *le langage des
Sciences doit être plus simple, plus clair, & plus précis* : je ne crois pas

du moins que ce foit pour M. d'Alembert : que prétend-il en conclure ?
S'agit-il ici d'expliquer des régles , & la maniere d'en faire ufage, lorfqu'au contraire il ne s'y agit que de propofer en abrégé des principes qui
fe trouvent déja expliqués tout au long dans l'ouvrage qu'on ne confeille pas de lire : c'eft effectivement le moyen de paroître avoir raifon. On doit juger fur cet échantillon , de l'importance des décifions
d'un Savant, non moins illuftre dans les Belles-Lettres que dans la
Géométrie, comme le prouvent les titres honorables qn'il prend à la
tête de fes Elémens de Mufique.

Je viens de trouver deux dates dans l'Extrait de Février des Elémens
de Mufique qui me font demander à M. d'Alembert pourquoi, lorfque
la Démonftration du principe de l'harmonie a paru en 1749, il ne s'eft
pas foulevé contre ce titre dès 1752 où il a mis au jour les mêmes Elémens , & pourquoi aucun Académicien ne le foutient dans fon parti ?

Je viens de remarquer encore à la p. 213. que M. d'Alembert fe con-
damne lui-même, en convenant qu'*on n'entend point les octaves* $\frac{1}{2}$, $\frac{1}{4}$,
puis, quelques lignes après : *le fens de l'ouie ne peut en aucune maniere
nous donner la notion de rapport & de proportion, que nous ne pouvons
acquérir que par la vue & par le toucher.* Si l'ouie n'en donne pas la
notion numérique , elle en fait naître du moins l'idée , & bientôt après,
la vue & le toucher décident de ce numérique fur les différentes grandeurs des corps fonores, auxquelles répond la tenfion de ces corps.
Eudoxe auroit-il appellé harmonique la proportion qu'il en a découvert, s'il n'en eût pas reçu l'idée en l'entendant ? Quant à ce qu'on
n'entend pas les octaves, c'eft ce qui fait le procès au Géometre, puifqu'on entend la 12e & la 17e dans le même corps fonore : pourquoi donc
n'entend-on pas $\frac{1}{2}$, $\frac{1}{4}$, & qu'on entend $\frac{1}{7}$? Si ceux-ci donnent la proportion harmonique avec l'unité, pourquoi ceux-là ne donneront-ils
pas la géométrique ? Quel autre moyen veut-on que la Nature eût em-
ployé pour faire diftinguer ces proportions entre cinq objets feulement,
contenus dans un même corps, & qui réfonnent tous enfemble, quoiqu'on n'en diftingue que la moitié. Je crois avoir affez bien fait fentir ces
vérités. Je n'aurois jamais fait s'il falloit répondre à tout ; & j'imagine
que c'eft, en effet, le moyen le plus propre qu'on a cru devoir employer pour fe tirer d'embarras.

F I N.

E R R A T A.

Lifez premier volume, p. 20, au lieu de 2e. volume.

A P P R O B A T I O N

J'ai lû par ordre de Monfeigneur le Chancelier un Manufcrit intitulé, *Origine des Sciences*, & je n'y ai rien trouvé qui puiffe en empêcher l'impreffion. Fait à Paris le 31. Dé-
cembre 1761. BÉJOT.

De l'Imprimerie de SEBASTIEN JORRY, rue & vis-à-vis la Comédie Françoife.